计算机网络技术研究

张振霞　孟彬彬　黄　敏　著

延边大学出版社

图书在版编目（CIP）数据

计算机网络技术研究 / 张振霞，孟彬彬，黄敏著.
-- 延吉：延边大学出版社，2022.9
ISBN 978-7-230-03882-9

Ⅰ．①计… Ⅱ．①张… ②孟… ③黄… Ⅲ．①计算机
网络 Ⅳ．①TP393

中国版本图书馆CIP数据核字（2022）第173199号

计算机网络技术研究

著　　者：张振霞　孟彬彬　黄　敏	
责任编辑：徐晓霞	
封面设计：文　亮	
出版发行：延边大学出版社	
社　　址：吉林省延吉市公园路 977 号	邮　编：133002
网　　址：http：//www.ydcbs.com	E-mail：ydcbs@ydcbs.com
电　　话：0433-2732435	传　真：0433-2732434
印　　刷：廊坊市广阳区九洲印刷厂	
开　　本：787 毫米 ×1092 毫米　1/16	
印　　张：9.5	
字　　数：210 千字	
版　　次：2022 年 9 月第 1 版	
印　　次：2022 年 9 月第 1 次印刷	
书　　号：ISBN 978-7-230-03882-9	
定　　价：68.00 元	

前　言

计算机网络技术是将计算机技术和通信技术紧密结合的产物，它的产生、发展和应用普及，正在从根本上改变着人们的生活方式、工作方式和思维方式。计算机网络技术的应用、普及程度已经成为衡量一个国家现代化水平和综合国力的重要指标。计算机网络技术复杂，但发展迅速，新知识、新技术、新标准、新产品不断涌现，令人目不暇接。

为适应新型工业化发展的需要，结合信息类专业的特点，使教学内容同企业工作岗位需求密切结合，高职高专院校计算机网络技术专业形成了较为明显的以就业为导向的职业教育特色。

因此，本书紧密结合计算机网络的发展方向，根据目前各高职、高专院校计算机类各专业的课程设置情况，将计算机网络基础知识与实际应用相结合，注重网络基础知识与基本技术的紧密结合，力求理论联系实际，通过网络实践反映计算机网络知识的全貌，注重学生综合能力的培养，加深学生对教学内容的理解。

本书在编写过程中，以培养学生的工程实践能力和创新意识为重点，理论知识以"够用为度"，强调以"应用为主"。详细讲解了网络体系结构、通信系统和网络技术的具体应用，使学生在了解计算机网络基本理论、基础知识的同时，掌握网络组建和维护、网络操作系统的管理和维护、网络设备的安装与调试等方面的基础知识，为学生今后从事计算机网络管理、网络建设与维护、网络规划与设计等方面的工作打下良好的基础。

本书在撰写过程中，参阅了大量的文献资料，引用了诸多专家和学者的研究成果，在此表示最诚挚的谢意。由于作者水平有限，书中的不足之处，敬请专家、学者及广大读者批评指正。

作　者

2022 年 8 月

目　录

第1章　计算机网络概述

计算机网络是计算机技术和通信技术相结合的产物，它结合了计算机技术、通信技术、多媒体技术等各种新技术。计算机网络的出现改变了人们生活和工作的方式，并为人们的生活和工作带来了极大的方便，如办公自动化、网上购物、网上订票、通过 Email 交流信息、上网聊天和娱乐等。计算机网络使世界变得越来越小、生活节奏变得越来越快。

本章基本要求：掌握计算机网络的定义；了解计算机网络的产生与发展过程；熟悉计算机网络的组成和分类；掌握计算机网络的主要功能及其应用等内容。

1.1　计算机网络基础知识

网络化是计算机技术发展的一种必然趋势，社会的信息化、数据的分布处理、各个计算机资源共享等各种应用要求引发了人们对计算机网络技术的兴趣，推动了计算机网络技术的蓬勃发展。

1.1.1 计算机网络的定义

计算机网络是按照网络协议将地理上分散且功能独立的计算机，利用通信线路连接起来以实现资源共享的计算机集合。

计算机资源主要指计算机硬件、软件、数据资源。所谓资源共享就是通过连在网络上的计算机，让用户可以使用网络系统的全部或部分计算机资源（用户通常根据需要被适当授予使用权）。硬件资源包括超大型存储器（例如大容量的硬盘）、特殊外设（例如高性能的激光打印机、扫描仪、绘图仪等）、通信设备;软件资源包括各种语言处理程序、服务程序、应用程序、软件包;数据资源包括各种数据文件、各种数据库。

网络用户不但可以使用网络系统的计算机资源，还可以调用网络系统中几台不同的计算机共同完成一项任务。在计算机网络中，能够提供信息和服务能力的计算机是网络的资源，而索取信息和请求服务的计算机则是网络的用户。

功能独立的计算机就是每台计算机有自己的操作系统，互联的计算机之间没有主从关系，任何一台计算机都不能干预其他计算机的工作，如计算机启动、关闭或控制其运行等。每台计算机既可以联网工作，也可以脱机独立工作。

计算机网络是计算机的一个群体，是由多台计算机组成的，它们之间要做到有条不紊地交换数据，就必须遵守约定和通信规则，即通信协议。这就像不同国籍的人们之间进行交流一样，大家可以在使用同一种语言的基础上直接进行交流。如果不能使用同一种语言，也可以通过翻译进行交流，否则大家就无法进行交流。

从资源构成的角度讲，计算机网络是由硬件和软件组成的。硬件包括各种主机、终端等用户端设备，以及交换机、路由器等通信控制处理设备；软件则由各种系统程序和应用程序以及大量的数据资源组成。

但是从计算机网络的设计与实现角度看，更多的是从功能角度去看待计算机网络的组成。由于计算机网络的基本功能分为数据处理与数据通信两大部分，因此可以将计算机网络逻辑划分为资源子网和通信子网。

资源子网负责全网的数据处理业务，并向网络用户提供各种网络资源和网络服务。资源子网主要由拥有资源的主计算机、请求资源的用户终端以及相应的 I/O 设备、各种软件资源和数据资源等构成。

主计算机系统简称主机，可以分为大型机、中型机、小型机、工作站或微型机。主机是资源子网的主要组成单元，它通过高速通信线路与通信控制处理机相连。主机系统拥有各种终端用户要访问的资源，它担负着数据处理的任务。

终端是用户进行网络操作时所使用的末端设备，它是用户访问网络的界面。终端一般是指没有存储与处理信息能力的简单输入、输出设备，也可以是带有微处理器的智能终端。终端设备的种类很多，如电传打字机、CRT 监视器、键盘、网络打印机、传真机等。终端设备可以直接或者通过通信控制处理机和主机相连。

通信子网的作用是为资源子网提供传输、交换数据信息的能力。通信子网主要由通信控制处理机、通信线路及信号变换设备组成。

通信控制处理机（CCP）在网络拓扑结构中被称为网络结点。一方面，它作为与资源子网的主机、终端相连接的接口；另一方面，它作为通信子网中的分组存储转发结点，完成分组的接收、校验、存储、转发等功能，实现将源主机报文准确发送到目的主机的作用，是一种在数据通信系统中专门负责网络中数据通信、传输和控制的计算机或具有同等功能的计算机部件。它一般由配置了通信控制功能的软件和硬件的小型机、微型机承担。

通信线路也叫通信介质，它是用于传输信息的物理信道以及为达到有效、可靠的传输质量所需的信道设备的总称。通常情况下，通信子网中的线路属于高速线路，所用的信道类型可以是由电话线、双绞线、同轴电缆、光缆等组成的有线信道，也可以是由无线通信、微波与卫星通信等组成的无线信道。

信号变换设备可以根据不同传输系统的要求对信号进行交换。例如，实现数字信号与模拟信号之间变换的调制解调器、无线通信的发送和接收设备，以及光纤中使用的光—电信号变换和收发设备等。

1.1.2 计算机网络的功能

计算机网络的使用，扩展了计算机的应用能力。计算机网络虽然各种各样，但其基本功能如下：

（1）数据通信

数据通信是计算机网络的基本功能之一。它可以为分布在各地的用户提供强有力的人际通信手段。建立计算机网络的主要目的是使得分散在不同地理位置的计算机可以相互传输信息。计算机网络可以传输数据、声音、图形和图像等多媒体信息。利用该计算机网络的数据通信功能，通过计算机网络传送电子邮件和发布新闻消息已经得到了普遍的应用。

（2）资源共享

计算机网络最早是从消除地理距离的限制，以促进资源共享而发展起来的。这里的资源主要指计算机硬件、计算机软件、数据与信息资源。

用户拥有的计算机的性能总是有限的。在网络环境下，一台个人电脑用户可以通过使用网络中的某一台高性能的计算机来处理自己提交的某个大型复杂的问题，还可以使用网络上的一台高速打印机打印报表、文档等，使工作变得快捷和方便。

共享软件允许多个用户同时使用，并可以保证网络用户使用的是版本、配置等相同的软件，这样既可以减少维护、培训等过程，更重要的是可以保证数据的一致性。可共享的软件很多，包括大型专用软件、各种网络应用软件、各种信息服务软件等。

计算机用户之间经常需要交换信息、共享数据与信息。在网络环境中，用户可以使用网上的大容量磁盘存储器存放自己采集、加工的信息。随着计算机网络覆盖区域的扩大，信息交流已愈来愈不受地理位置和时间的限制，使得人们对资源可以互通有无，大大提高了资源的利用率和信息的处理能力。

（3）增强系统可靠性

计算机网络拥有可替代的资源，这增强了系统的可靠性。如当网络中的某一计算机发生故障时，可由网络中其他的计算机代为处理，以保证用户的正常操作，不因局部故障而导致系统瘫痪。又如某一数据库中的数据因计算机发生故障而消失或遭到破坏时，可从网络中另一台计算机的备份数据库中调来数据，并据此恢复遭破坏的数据库。

（4）提高系统处理能力

计算机网络的应用提高了系统的处理能力。将分散在各台计算机中的数据资料适时集中或分级管理，并经综合处理后形成各种报表，供管理者或决策者分析和参考，如自动订票系统、政府部门的计划统计系统、银行财政等；当某一台计算机的任务很重时，可通过网络将此任务传递给空闲的计算机去处理，以调节忙闲不均现象；对于综合性的大型问题可采用合适的算法，将任务分散到网中不同的计算机上进行分布式处理。利用网络技术将微机连成高性能的分布式计算机系统，可以使系统具有解决复杂问题的能力。

正因为计算机网络有如此多的功能，才使得它在工业、农业、交通运输、邮电通信、文化教育、商业、国防以及科学研究等领域得到越来越广泛的应用。

1.1.3 计算机网络的性能指标

影响网络性能的因素有很多，如传输的距离、使用的线路、传输技术、带宽等。对用户而言，则主要体现为所获得的网络速度不一样。计算机网络的主要性能指标是指带宽、吞吐量和时延。

（1）带宽

在局域网和广域网中，都使用带宽来描述它们的传输容量。带宽本来是指某个信号具有的频带宽度。带宽的单位为赫兹（Hz）、千赫（kHz）、兆赫（MHz）等。

在通信线路上传输模拟信号时，将通信线路允许通过的信号频带范围称为线路的带宽。

在通信线路上传输数字信号时，带宽就等同于数字信道所能传输的"最高数据率"。数字信道传输数字信号的速率称为数据率或比特率，即单位时间内所传送的二进制代码的有效位数。带宽的单位是每秒比特数（bit/s 或 bps），即通信线路每秒所能传输的比特数。例如，以太网的带宽为 10 Mbit/s（或 10 Mbps），意味着每秒能传输 10 兆比特，传输每比特用时 $0.1\mu s$。目前以太网的带宽有 10 Mbps、100 Mbps、1000 Mbps 和 10 Gbps 等几种类型。

（2）吞吐量

吞吐量是指一组特定的数据在特定的时间段经过特定的路径所传输的信息量的实际测量值，单位也是 bit/s 或 bps。由于诸多原因使得吞吐量常常远小于所用介质本身可以提供的最大数字带宽。决定吞吐量的因素主要有：网络互联设备、所传输的数据类型、网络的拓扑结构、网络上的并发用户数量、用户的计算机、服务器、拥塞等。

（3）时延

时延是指一个报文或分组从一个网络（或一条链路）的一端传输到另一端所需的时间。通常来讲，时延是由发送时延、传播时延和处理时延三部分组成的。

发送时延是结点在发送数据时使数据块从结点进入传输介质所需的时间，也就是从数据块的第一个比特开始发送，到最后一个比特发送完毕所需的时间，又称为传输时延。传播时延是电磁波在信道上需要传播一定的距离而花费的时间。处理时延是指数据在交换结点为存储转发而进行一些必要的处理所花费的时间。

1.2 计算机网络的发展

计算机网络是通信技术和计算机技术相结合的产物，它是信息社会最重要的基础设施，网络技术的进步正在对当前信息产业的发展产生重要的影响。计算机网络的发展是迅速的，发展过程大致可分为以下 4 个阶段。

1.2.1 面向终端的计算机网络

计算机网络发展的第一阶段是 20 世纪 50 年代中期至 20 世纪 60 年代末期，人们将彼此独立发展的通信技术和计算机技术结合起来，将一台计算机经通信线路与若干终端直接相连，形成简单的"终端—通信线路—计算机"单机系统，如图 1-1 所示。

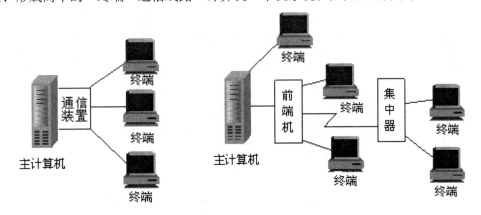

图 1-1 单机系统的计算机网络　　　　图 1-2 多机系统的计算机网络

图 1-1 中，系统除了一台主机外，其余的终端都不具备自主处理功能，在系统中主要是终端和主机间的通信。在单机系统中，多个终端分时使用主机的资源，此时主机既要进行数据处理，又要承担通信功能，因此单机系统存在两个明显的缺点：一是主机的负担较重，会导致系统响应时间过长；二是由于每个分时终端都要独占一条通信线路，导致通信线路利用率低、系统费用高。

为了减轻主机负担、提高通信线路利用率，在通信线路和计算机之间设置了一个前端处理机或通信控制器，专门负责与终端之间的通信控制，使数据处理和通信控制分工。在终端机较集中的地区，设置了集中管理器（集中器或多路复用器），用低速线路把附近群集的终端连起来，组成了终端群—低速通信线路—集中器—高速通信线路—前端机—主机结构的多机系统，如图 1-2 所示。

严格地讲，单机系统和多机系统都不能算是网络，但由于它们是将通信技术和计算机技术相结合的系统，可以使用户以终端方式与远程主机进行通信，所以可以将它们看作计算机网络的雏形，称为面向终端的计算机网络。

1.2.2 计算机—计算机网络

计算机网络发展的第二阶段是 20 世纪 60 年代中期至 20 世纪 70 年代中后期，这时的系统是由若干台计算机相互连接起来的系统，即利用通信线路将多台计算机连接起来，以分组交换技术为基本理论，实现计算机与计算机之间的通信，如图 1-3 所示。

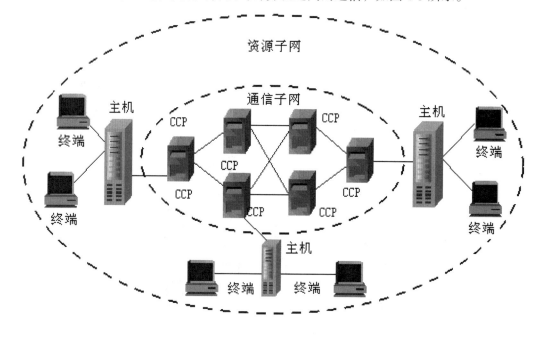

图 1-3 计算机—计算机网络

这个阶段的典型代表是美国国防部所属的高级研究计划管理局于 1969 年成功研制的世界上第一个计算机网络——ARPANET（简称 ARPA 网），该网络是一个典型的以实现资源共享为目的的计算机—计算机网络，简称为计算机通信网络，它为计算机网络的发展奠定了基础。其结构上的主要特点是：以通信子网为中心，多主机、多终端。除此以外，国际商业机器公司（IBM）的 SNA 网和美国数字设备公司（DEC）的 DNA 网也都是成功的典例。这个时期的网络产品是相对独立的，未有统一标准。

1.2.3 开放式的标准化计算机网络

计算机网络发展的第三阶段是 20 世纪 70 年中期至 20 世纪 80 年代初期，此阶段的计算机网络具有统一的网络体系结构，遵循国际标准化协议。标准化使得不同的计算机能方便地互连在一起。

随着 ARPANET 的建立，20 世纪 70 年代中期，国际上各种广域网、局域网与分组交换网发展迅速，各个计算机生产商纷纷开发自己的计算机网络系统。虽然不断出现的各种网络极大地推动了计算机网络的应用，但是众多不同的专用网络，体系结构都不相同，协议也不相同，使得不同系列、不同公司的计算机网络难以实现互连。这为全球网络的互联、互通带来了很大不便。鉴于这种情况，国际标准化组织（ISO）于1977年成立了专门的机构，从事"开放系统互连"问题的研究，目的是设计一个标准的网络体系模型。1984年ISO颁布了"开放系统互连基本参考模型"，这个模型通常被称作"OSI参考模型"。所谓"开放"是相对于各个计算机生产商按照各自的标准独立开发的封闭系统，这一点与世界范围的电话和邮政系统非常相像。从此，网络产品有了统一标准，促进了企业的竞争，大大加速了计算机网络的发展。

1.2.4 高速互联计算机网络

计算机网络发展的第四阶段从20世纪90年代开始。自OSI参考模型推出后，计算机网络一直沿着标准化的方向发展，有力地促进了因特网（Internet）的飞速发展。Internet作为世界上最大的国际性的互联网，在经济、文化、科学研究、教育与人类社会生活等方面发挥着越来越重要的作用，而且更高性能的第二代Internet正在发展之中。

近年来，随着通信技术，尤其是光纤通信技术的发展，计算机网络技术也得到了迅猛发展。光纤作为一种高速率、高带宽、高可靠性的传输介质，在各国的信息基础建设中被使用得越来越广泛，这为建立高速的网络奠定了基础。千兆位乃至万兆位传输速率的以太网已经被越来越多地用于局域网和城域网中，而基于光纤的广域网链路的主干带宽也已达到10 Gb/s的数量级。网络带宽的不断提高，更加刺激了网络应用的多样化和复杂化。计算机网络已经进入了高速、智能化的发展阶段。

总之，网络将充分利用大规模集成技术和现代通信技术，发展高速、智能、多媒体、移动和全球性网络技术，建立一个合作、协调的开放系统环境，实现网络的综合服务与应用。

1.3 计算机网络的分类

计算机网络的分类方法多种多样，如按网络拓扑结构分类、按网络的覆盖范围分类、按数据传输方式分类、按通信传输介质分类、按传输速率分类等。其中，按数据传输方式和按网络的覆盖范围进行分类是两种主要的分类方法。

1.3.1 按数据传输方式分类

网络采用的传输方式决定了网络的重要技术特点。在通信技术中，通信通道有广播通信通道和点对点通信通道两种。因此，将采用广播通信通道完成数据传输任务的网络称为广播式网络（Broadcast Networks），将采用点对点通信通道完成数据传输任务的网络称为点—点式（Point-to-Point Networks）网络。

（1）广播式网络

在广播式网络中，所有联网的计算机都共享一个公共通信信道，网络中的所有结点都能收到任何结点发出的数据信息。当一台计算机利用共享通信信道发送报文分组时，其他的计算机都会"收听"到这个分组。由于发送的分组中带有目的地址与源地址，接收到该分组的计算机将检查目的地址是否与本结点地址相同。如果被接收报文分组的目的地址与本结点地址相同，则接收该分组，否则丢弃该分组。总线形网、环形网、微波卫星网等都属于广播式网络。

（2）点—点式网络

与广播式网络相反，在点—点式网络中，每条物理线路连接一对计算机。假如两台计算机之间没有直接连接的线路，那么它们之间的分组传输就要通过中间的结点接收、存储、转发，直至目的结点。两台计算机之间可能有多条单独的链路。星形、树形、网形等都属于点—点式网络。

1.3.2 按网络的覆盖范围分类

按照计算机网络所覆盖的地理范围进行分类，可以明显地反映不同类型网络的技术特征。按网络的覆盖范围分类，计算机网络可以分为局域网（LAN）、城域网（MAN）和广域网（WAN）三种。

（1）局域网

局域网也称局部网，是指将有限的地理区域内的计算机或数据终端设备互连在一起的计算机网络。它具有很高的传输速率（10 Mb/s~10 Gb/s）。这种类型的网络，工作范围在几米到几十千米，通常可以将一座大楼或一个校园内分散的计算机连接起来构成局域网。局域网技术发展得非常迅速，并且应用日益广泛，是计算机网络中较为活跃的领域之一。

（2）城域网

城域网有时又称之为城市网、区域网、都市网。城域网是介于局域网和广域网之间的一种高速网络。城域网的覆盖范围通常为一个城市或地区，工作范围在五千米至几十千米。随着局域网的广泛使用，人们逐渐要求扩大局域网的使用范围，或者要求将已经使用的局域网互相连接起来，使其成为一个规模较大的城市范围的网络。城域网中可包含若干个彼此互连的局域网，每个局域网可以由不同的系统硬件、软件和通信传输介质构成，从而使不同类型的局域网能有效地共享信息资源。城域网通常采用光纤或微波作为网络的主干通道。

（3）广域网

广域网指的是实现计算机远距离连接的计算机网络，可以把众多的城域网、局域网连接起来，也可以把全球的区域网、局域网连接起来。广域网涉及的范围较大，其工作范围在几十千米到几千千米，它可以在一个省、一个国家内，可以跨越几个洲，也可以遍布全世界。广域网用于通信的传输装置和介质一般由电信部门提供，能实现大范围内的资源共享。

1.4　计算机网络的传输媒体

传输介质是为数据传输提供的通路，通过传输介质可以把网络中的各种设备互连在一起。在现有的计算机网络中，用于数据传输的物理介质有很多种，每一种介质的带宽、时延、抗干扰能力和费用以及安装维护难度等特性都各不相同。本节将介绍计算机网络中常用的一些传输介质及其有关的通信特性。

1.4.1 有线介质

（1）双绞线

双绞线又称双扭线，它由若干对铜导线（每对有两条相互绝缘的铜导线按一定规则绞合在一起）组成，如图1-4所示。采用这种绞合起来的结构是为了减少对邻近线对的电磁干扰。为了进一步提高双绞线的抗干扰的能力，还可以在双绞线的外层加上一个用金属丝编织成的屏蔽层。

图1-4　双绞线

根据是否外加屏蔽层，双绞线又可分为屏蔽双绞线（STP）和非屏蔽双绞线（UTP）两类。非屏蔽双绞线的阻抗值为100Ω，其传输性能适应大多数应用环境要求，应用十分广泛，是建筑内结构化布线系统的主要传输介质。屏蔽式双绞线的阻抗值为150Ω，具有一个金属外套，对电磁干扰（EMI）具有较强的抵抗能力。因其使用环境苛刻、产品价格、成本等原因，目前应用较少，见表1-1。

表 1-1　EIA/TIA-A 标准

双绞线	适用范围
1 类双绞线	电话传输
2 类双绞线	电话和低速数据传输（最高 4 Mb/s）
3 类双绞线	10 Mb/s 的 10Base-T 以太网数据传输
4 类双绞线	16 Mb/s 的令牌环网
5 类双绞线	100 Mb/s 的 100Bbase-TX 和 100Bbase-T4 快速以太网

双绞线既可用于模拟信号传输，也可用于数字信号传输，其通信距离一般为几到十几千米。导线越粗，通信距离越远，但导线价格也越高。由于双绞线的性能价格比相对其他传输介质要好，所以应用十分广泛，其中最常用的双绞线是 3 类双绞线和 5 类双绞线。5类双绞线与 3 类双绞线的主要区别是：前者大大增加了每单位长度的绞合次数，在线对间的绞合度和线对内两根导线的绞合度上都经过了精心的设计，并在生产中加以严格的控制，使干扰在一定程度上得以抵消，从而提高了线路的传输特性。目前，在结构化布线工程建设中，计算机网络线路普遍采用 100Ω 的 5 类或者超 5 类（5e）的非屏蔽双绞线系列产品作为主要的传输介质。

图 1-5　RJ-45 接头与制作好的网线

在制作网线时，要用到 RJ-45 接头，俗称"水晶头"的连接头，如图 1-5 所示。在将网线插入水晶头前，要对每条线排序。根据 EIA/TIA 接线标准，RJ-45 接口制作有两种排序标准：EIA/TIA 568B 标准和 EIA/TIA 568A 标准，具体线序如图 1-6 所示。

568B 标准的线序为：白橙、橙、白绿、蓝、白蓝、绿、白棕、棕 [图 1-6(a)]。

568A 标准的线序为：白绿、绿、白橙、蓝、白蓝、橙、白棕、棕 [图 1-6(b)]。

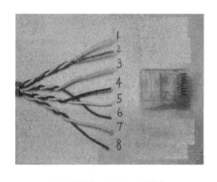

(a)　EIA/TIA 568B 线序　　　　　　(b)　EIA/TIA 568A 线序

图 1-6　EIA/TIA 线序标准

（2）同轴电缆

同轴电缆由最内层的中心铜导体、塑料绝缘层、屏蔽金属网和外层保护套组成，同轴电缆的这种结构使其具有高带宽和较好的抗干扰特性，并且可在共享通信线路上支持更多的站点，如图1-7所示。按特性阻抗数值的不同，同轴电缆又分为两种：一种是50Ω的基带同轴电缆，另一种是75Ω的宽带同轴电缆。

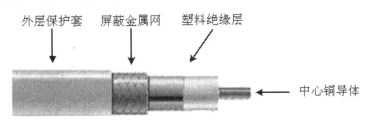

图1-7 同轴电缆的结构

① 基带同轴电缆

一条电缆只支持一个信道，传输带宽为1~20 Mb/s。它可以10 Mb/s的速率把基带数字信号传输1~1.2 km。所谓"基带数字信号传输"，是指按数字信号位流形式进行的传输，无须任何调制。它是局域网中广泛使用的一种信号传输技术。

② 宽带同轴电缆

宽带同轴电缆支持的带宽为300~350 MHz，可用于宽带数据信号的传输，传输距离可达100 km。所谓"宽带数据信号传输"，是指可利用多路复用技术在宽带介质上进行多路数据信号的传输。它既能传输数字信号，也能传输诸如话音、视频等模拟信号，是综合服务宽带网的一种理想介质。同轴电缆的类型，见表1-2。

表1-2 同轴电缆的类型

电缆类型	网络类型	电缆电阻/端接口器（Ω）
RG-8	10Base5 以太网	50
RG-11	10Base5 以太网	50
RG-58A/U	10Base2 以太网	50
RG-59/U	ARCnet网、有线电视网	75
RG-62A/U	ARCnet网	93

在使用同轴电缆组网时，细同轴电缆和粗同轴电缆的连接方法是不同的。细同轴电缆要通过T型头和BNC头将细缆与网卡连接起来，同时需要在网线的两端连接终结器。细缆连接如图1-8所示。终结器的作用是吸收电缆上的电信号，防止信号发生反弹。而粗同轴电缆在连接时，需要通过收发器将网线和计算机连接起来，线缆两端也要连接终结器。由于同轴电缆目前已很少使用了，所以简单了解就可以了。

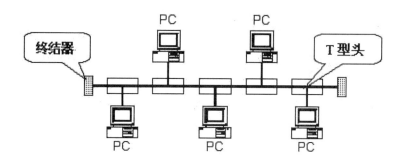

图1-8 细缆连接图

（3）光纤

光纤是利用光导纤维（简称光纤）传递光脉冲进行通信的。有光脉冲的出现表示"1"，不出现表示"0"。由于可见光的频率非常高，约为108 MHz的量级，因此一个光纤通信系统的传输带宽远远大于其他各种传输介质带宽，是目前最有发展前途的有线传输介质。

光纤呈圆柱形，由纤芯、包层和护套三部分组成，如图1-9所示。纤芯是光纤最中心的部分，它由一条或多条非常细的玻璃或塑料纤维线构成，每根纤维线都有独立的封套。这一玻璃或塑料封套涂层的折射率比纤维线低，从而使光波保持在纤芯内。环绕一束或多束封套纤维的外套由若干塑料或其他材料层构成，以防止外部的潮湿气体侵入，并可防止磨损或挤压等伤害。

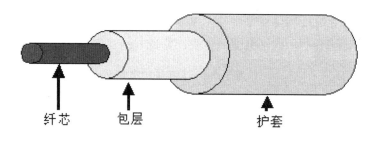

图1-9 光纤的结构

①纤芯：折射率较高，用来传送光。

②包层：折射率较低，与纤芯一起形成全反射条件。

③护套：强度大，能承受较大冲击，保护光纤。

④光纤的颜色：橘色　MMF　黄色　SMF

数据传输的重大突破之一就是实用光纤通信系统的成功开发。含有光纤的传输系统一般由三个部分组成：光源、光纤传输介质和检测器。其中，光源是发光二极管或激光二极管，它们在通电时都可发出光脉冲；检测器是光电二极管，遇光时将产生电脉冲。它的基本工作原理是：发送端用电信号对光源进行光强控制，从而将电信号转换为光信号，然后通过光纤介质传输到接收端，接收端用光检波检测器把光信号还原成电信号。

实际上，如果不是利用一个有趣的物理原理，光传输系统会因光纤的漏光而变得没有实际价值。当光线从一种介质穿越到另一种介质时，如从玻璃到空气，光线会发生折射。当光线在玻璃上的入射角为 α1 时，则在空气中的折射角为 β1。折射的角度取决于两种介质的折射率。当光线在玻璃上的入射角大于某一临界值时，光线将完全反射回玻璃，而不会漏入空气。这样，光线将被完全限制在光纤中，几乎无损耗地传播。

根据传输数据的模式，光纤可分为多模光纤和单模光纤两种。多模光纤意指光在光纤中的传播可能是有多条不同入射角度的光线在一条光纤中同时传播。这种光纤所含纤芯的直径较粗。单模光纤意指光在光纤中的传播没有反射，沿直线传播。这种光纤的直径非常细，细到只有一个光的波长，就像一根波导那样，可使光线一直向前传播。这两种光纤的性能比较，见表1-3。

表1-3 单模光纤与多模光纤的比较

项目	单模光纤	多模光纤
距离	长	短
数据传输速率	高	低
光源	激光	发光二极管
信号衰减	小	大
端结	较难	较易
造价	高	低

光纤不易受电磁干扰和噪声影响，可进行远距离、高速率的数据传输，而且具有很好的保密性能。但是光纤的衔接、分岔比较困难，一般只适合点到点连接或环形连接。光纤分布式数据接口（FDDI）就是一种采用光纤作为传输介质的局域网标准。

最后要提一下，还有一种有线介质是架空明线。这是在20世纪初就已经被大量使用的方法，即在电线杆上架设的一对对互相绝缘的明线。架空明线安装简单，但通信质量不佳，受气候环境等影响较大。所以，发达国家中早已淘汰了架空明线，许多发展中国家中也已基本停止了架空明线。

1.4.2 无线介质

在经过一些高山、岛屿或偏远地区时，用有线介质铺设通信线路就非常困难，尤其在信息时代，很多人需要利用笔记本电脑和袖珍计算机随时、随地连接网络，获取信息。对于这些移动用户，有线介质无法满足它们的要求，而无线介质可以帮助它们解决上述问题。

无线介质是指信号通过空气载体传播，而不被约束在一个物理导体内。常用的无线介质有无线电波、微波和卫星通信等。

（1）无线电波

大气中的电离层是具有离子和自由电子的导电层。无线电波通信就是利用地面发射的无线电波通过电离层的反射，或电离层与地面的多次反射，而到达接收端的一种远距离通信方式。由于大气层中的电离层高度在距地面数万米至十余万米以上，可分为各种不同的层次，并随季节、昼夜以及太阳活动情况而发生变化。除此之外，无线电波还受到来自水、自然物体和电子设备的各种电磁波等的干扰。因而与其他通信方式相比，无线电波通信在通信质量上存在不稳定性。

无线电波被广泛地用于室内通信和室外通信，因为无线电波很容易产生，传播距离很远，很容易穿过建筑物，而且它可以全方向传播，使得无线电波的发射和接收装置不必要求精确对准。

无线电波通信使用的频率一般在 3 MHz~1 GHz。它的传播特性与频率有关。在低频段，无线电波能轻易地绕过一般障碍物，但其能量随着传播距离的增大而急剧递减；在高频段，无线电波趋于直线传播并易受障碍物的阻挡。无线电波通信存在着显而易见的优点和缺陷：

① 能满足高速网络通信的要求。

② 使用的频率难以控制。如果存在与无线电通信的频率相似的其他频率，通信信号就会受干扰。

③ 受自然环境的影响，如山峰会减弱或干扰信号的传输。

（2）微波

频率在 100 MHz 以上，能量集中于一点并沿直线传播的无线电波即为微波。微波通信就是利用无线电波在对流层的视距范围内进行信息传输的一种通信方式。由于微波只能沿直线传播，所以微波的发射天线和接收天线必须精确地定位对准，这种高度定向性使得成排的多个发射设备与成排的多个接收设备互相并行通信而不发生串扰。

微波天线通常设置在地面之上较高的位置，以便加大收发两个天线之间的距离，同时能够排除天线之间障碍的干扰。为实现微波远程传输，需要建立一系列微波中继站——转发器，以构成微波接力信道。转发器之间的距离大致与天线塔高度的平方成正比。在没有任何干扰障碍物的情况下，两下天线之间的最大距离由公式 1-1 确定：

$$d=7.14 \sqrt{Kh} \qquad\qquad 公式 1\text{-}1$$

式中，d 为两个天线之间的距离，以 km 为单位；h 为天线高度，以 m 为单位；K 是调整因子。引入 K 主要考虑以下事实：微波会随着地球表面的弯曲而弯曲和折射，因此微波要比光学上的可见直线距离传播得更远。一个好的经验法则是 K=4/3。

微波广泛用于远程通信。按所提供的传输信道可分为模拟微波和数字微波两种类型。目前，模拟微波通信主要采用频分多路复用技术和频移键控调制方式，其传输容量可达30~6000 个电话信道。数字微波通信目前大多采用时分多路复用技术和频移键控调制方式，和数字电话一样，数字微波的每个话路的数据传输率为 64 Kb/s。在传输质量上，微波通信相对无线电波通信要稳定。

微波通信通常用的工作频率为 2 GHz、4 GHz、8 GHz、12 GHz，所用的频率越高，潜在的带宽就越宽，因而潜在的数据传输速率也就越高。表 1-4 给出了一些典型数字微波系统的带宽和数据传输速率。

表 1–4　典型工作频率的数字微波性能

工作频率（GHz）	带宽（MHz）	数据传输速率（Mb/s）
2	7	12
6	30	90
11	40	90
18	220	270

（3）卫星微波

通信卫星实际上是一个微波中继站，卫星用来连接两个或多个基于地面的微波发射 / 接收设备。卫星接收某一频段（上行链路）的发射，然后放大并用另一频段（下行链路）转发。

为了有效地工作，通常要求通信卫星处在相对于地面静止的位置上，否则它就无法保持在任何时刻都处在各个地面站的视域范围之内。为此，要求通信卫星的旋转周期必须等于地球的自转周期，以保持相对静止状态。卫星满足上述要求的匹配高度是 35 784 km。如果使用相同或十分接近频段的两个卫星，则将会相互产生干扰。为了避免出现干扰问题，一般要求在 4~6 GHz 频段上有 4°（从地球上测量出的角位移）的间隔，在 12~14 GHz 频段上有 3° 的间隔。这使得能在地球静止轨道上设置的通信卫星数量十分有限。

卫星最重要的应用领域包括电视转播、教程电话传输、企业应用网络等。卫星的广播特性，使得它特别适合用于广播服务网。卫星技术在电视转播方面的最新应用是直播卫星，它可把卫星视频信号直接发射给家庭用户。

除了上述的无线介质外，还有无导向的红外线、激光等通信介质。红外线广泛地用于短距离通信，如电视、录像机、空调器等家用电器使用的遥控装置利用了红外线，它们有方向性，便宜且易于制造；激光可用于建筑物之间的局域网连接，因为它具有高带宽和定向性好的优势，但是它易于受天气、热气流或热辐射等影响，使得它的工作质量存在不稳定性。

最后需要说明的是，传输介质与信道之间是有区别的，前者是指传输数据信号的物理实体；而后者是为传送某种信号提供所需要的带宽，更强调了介质的逻辑功能。也就是说，一个信道可能由多个传输介质级联而成，一个传输介质也可能同时提供多个信道。表 1-5 列出了常用介质的传输特性。

表1-5 常用介质的传输特性

传输介质	传输速率	传输距离	抗干扰性	价格	适用范围
双绞线	模拟：300~3400 Hz 数字：10~100 Mb/s	几十千米	一般（对电磁干扰比较敏感）	低	局域网（模拟信号传输，数字信号传输）
50Ω 同轴电缆	10 Mb/s	1 kM 内	较好	一般	局域网（基带数字信号传输）
75Ω 同轴电缆	300~900 Hz	100 kM	较好	较高	CATV（有线电视网）
光纤	100 M~10 Gb/s	30 kM	很好	较高	长话线路、主干网（远距离高速传输）
无线电波	30 MHz~1 GHz	全球	相对较差	较高	广播（远程低速通信）
微波	4~40 GHz	几百千米	低于同容量、同长度的电缆		电视（远程通信）
卫星	1~10 GHz		费用与距离无关		电信、电话、广域网（远程通信）

1.5 计算机网络的物理布局

网络拓扑指的是计算机网络的物理布局，简单地说，是指将一组设备以什么结构连接起来。连接的结构有多种，我们通常称为拓扑结构。网络拓扑结构主要有总线型拓扑、环型拓扑、星型拓扑和网状拓扑，有时是如上几种的混合模型。了解这些拓扑结构是设计网络和解决网络疑难问题的前提。

网络采用不同的拓扑结构会有性能差异。什么是最好的拓扑取决于设备的类型和用户的需求。一个组织需要按照工作目的选择网络类型，例如，有些公司网络用户主要进行简单的文字处理，那么网络信息流通量相对就比较低；如果主要进行网上视频会议或处理大型数据库的系统，如 Oracle 数据库文件，数据量就会非常巨大，导致信息流量很高。同时，网络拓扑应该根据组织的需求、所拥有的硬件和技术人员的不同而发生相应的变化。一种在某种环境中表现很好的拓扑结构照搬到另一环境中，就不一定运行得好。要设计一个优良的计算机网络，必须保证多用户间的数据传输没有延迟或是延迟很少，并且考虑网络的增长潜力、网络的管理方式等。目前常见的网络拓扑结构主要有以下四大类。

1.5.1 星型结构

这种结构是目前局域网中应用得最为普遍的一种结构，企业几乎都是采用这一网络结构。星型网络几乎为以太网（Ethernet）专用，它是因网络中的各工作站结点设备通过一个网络中心设备（如集线器或者交换机）连接在一起，各结点呈星状分布而得名。这类网络目前用得最多的传输介质是双绞线，如常见的五类线、超五类双绞线等。

各站点通过点到点的链路与中心站相连。特点是很容易在网络中增加新的站点，数据的安全性和优先级容易控制，易实现网络监控，但中心结点的故障会引起整个网络瘫痪。这种拓扑结构网络示意图，如图 1-10 所示。

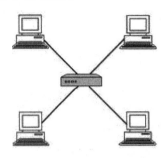

图 1-10　星型网络拓扑结构

这种拓扑结构网络的基本特点主要有如下几点：

（1）容易实现

它所采用的传输介质一般都是通用的双绞线，这种传输介质相对来说比较便宜，目前正品五类双绞线每米仅 1.5 元左右。这种拓扑结构主要应用于 IEEE 802.2、IEEE 802.3 标准的以太局域网中。

（2）结点扩展、移动方便

结点扩展时从集线器或交换机等集中设备中拉一条线即可，而要移动一个结点把相应结点设备移到新结点即可，不会像环型结构网络那样"牵其一而动全局"。

（3）维护容易

一个结点出现故障不会影响其他结点的连接，可任意拆走故障结点。

（4）可靠性差

一旦中心结点出现问题，则整个网络就瘫痪了。

1.5.2 环型结构

这种结构的网络形式主要应用于令牌网中，在这种网络结构中各设备是直接通过电缆来串接的，最后形成一个封闭的环型结构，整个网络数据就是在这个环中传递的，但数据只能沿一个方向（顺时针或逆时针）环型运行，人们通常把这类网络称之为"令牌环网"。环网容易安装和监控，但容量有限，网络建成后，难以增加新的站点。这种拓扑结构网络示意图，如图 1-11 所示。

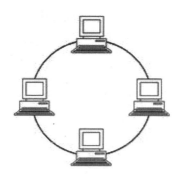

图 1-11　环型网络拓扑结构

上图只是一种示意图，实际上大多数情况下，这种拓扑结构的网络不会是所有计算机真正要连接成物理上的环型。一般情况下，环的两端通过一个阻抗匹配器来实现环的封闭，因为在实际组网过程中，受地理位置的限制，不方便真的做到环的两端物理连接。

这种拓扑结构的网络主要有如下几个特点：

① 这种网络结构一般仅适用于 IEEE 802.5 的令牌环网，在这种网络中，"令牌"是在环型连接中依次传递的。所用的传输介质一般是同轴电缆或双绞线。

② 这种网络实现也非常简单，投资最小。从其网络结构示意图中可以看出，组成这个网络除了各工作站就是传输介质，以及一些连接器材，没有价格昂贵的结点集中设备，如集线器和交换机。正因为这样，这种网络所能实现的功能最为简单，仅能当作一般的文件服务模式。

③ 传输速度较快。在令牌网中允许有 16 Mbps 的传输速度，它比普通的 10 Mbps 以太网要快许多。当然随着以太网的广泛应用和以太网技术的发展，以太网的速度也得到了极大提高，目前普遍都能提供 100 Mbps 的网速，远比 16 Mbps 要高。

④ 维护困难。从其网络结构可以看到，整个网络各结点间是直接串联，这样任何一个结点出了故障都会造成整个网络的中断、瘫痪，维护起来非常不便。另外，因为同轴电缆采用的是插针式的接触方式，所以非常容易造成接触不良、网络中断，而且因此引发的故障，查找起来非常困难。

⑤ 扩展性能差。环型结构决定了它的扩展性能远不如星型结构好，如果环形结构要新添加或移动结点，就必须中断整个网络，在环的两端做好连接器才能连接。

1.5.3 总线型结构

这种网络拓扑结构中所有设备都直接与总线相连，它采用的介质一般是同轴电缆（包括粗缆和细缆），不过现在也有用光缆作为总线型传输介质的。

网络中，所有的站点共享一条数据通道。总线型网络安装简单方便，需要铺设的电缆最短，成本低，某个站点的故障一般不会影响整个网络。但介质的故障会导致网络瘫痪，总线网安全性低，监控比较困难，增加新站点也不如星型架构网络容易。组建总线结构的网络要注意在传输媒体的两端使用终结器，它可以防止线路上因为信号反射而造成干扰。它的结构示意图，如图 1-12 所示。

图 1-12 总线型网络拓扑结构

这种结构具有以下几个方面的特点：

① 组网费用低。从示意图可以看出这样的结构根本不需要另外的互联设备，直接通过一条总线进行连接即可，所以组网费用较低。

② 这种网络因为各结点是共用总线带宽的，所以在传输速度上会随着接入网络用户的增多而下降。

③ 网络用户扩展较灵活。需要扩展用户时添加一个接线器即可，但所能连接的用户数量有限。

④ 维护较容易。单个结点失效不影响整个网络的正常通信。但是如果总线一断，则整个网络或者相应主干网段就断网失效了。

⑤ 这种网络拓扑结构的缺点是所有用户需共享一条公共的传输媒体，在同一时刻只能有一个用户发送数据。

1.5.4 树型结构

树型结构网络是星型结构网络的一种变体，像星型结构网络一样，网络结点都连接到控制网络的中央结点上。但并不是所有的设备都直接接入中央结点，绝大多数结点是先连接到次级中央结点上，再连接到中央结点上。其结构如图 1-13 所示。

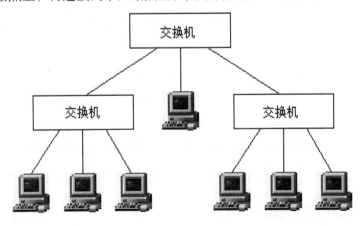

图 1-13 树型网络拓扑结构

第2章 计算机网络的体系结构

为了使不同地理分布、功能相对独立的计算机之间组成网络，实现资源共享，计算机网络系统需要解决包括信号传输、差错控制、寻址、数据交换和提供用户接口等一系列问题。计算机网络体系结构是为简化这些问题的研究、设计与实现而抽象出来的一种结构模型。

本章基本要求：了解计算机网络网络层次体系结构的特点；理解计算机网络各层功能及其特点；熟练掌握计算机网络系统 OSI 参考模型和 TCP/IP 模型的组成及功能。

2.1 协议与分层

2.1.1 网络协议

要使通过通信信道和设备互连起来的多个不同地理位置的计算机系统有条不紊地协同工作，实现信息交换和资源共享，就必须具有共同的语言。交流什么、怎样交流及何时交流，都必须遵循某种互相都能接受的规则。这些为网络数据交换而制定的规定、约束与标准被称为网络协议（Protocol）。

协议由语法、语义和语序三大要素构成。协议的语法定义了通信双方的用户数据与控制信息的格式，以及数据出现顺序的意义，即定义怎么做；协议的语义是为了协调完成某种动作或操作而规定的控制和应答信息，即定义做什么；协议的定时是对事件实现顺序的详细说明，指出事件的顺序及速度匹配，即定义何时做。

计算机网络是一个庞大且复杂的系统，网络的通信规约也不是一个网络协议就可以描述清楚的。目前有很多网络协议已经组成一个完整的体系。每一种协议都有它的设计目标和需要解决的问题，同时每一种协议也有它的优点和使用限制。

2.1.2 网络的层次结构

计算机网络系统是一个十分复杂的系统。将一个复杂系统分解为若干个容易处理的子系统，即"化繁为简"，然后通过"分而治之"逐个解决这些较小的、简单的问题，这种结构化设计方法是工程设计中常见的手段。分层就是系统分解的有效方法之一。

层次结构划分的原则是层内功能内聚,层间耦合松散,层数适中。即每层的功能应是明确的,并且是相互独立的,当某一层的具体实现方法更新时,只要保持上、下层的接口不变,便不会对邻居产生影响。层间接口必须清晰,跨越接口的信息量应尽可能少。若层数太少,则造成每一层的协议太复杂;若层数太多,则体系结构过于复杂,使描述和实现各层功能变得困难。接口指的是同一结点内,相邻层之间信息的连接点。

计算机网络中采用层次结构具有如下的特点:

① 各层之间相互独立。高层并不需要知道底层是如何实现的,仅需要知道该层通过层间的接口所提供的服务。

② 灵活性好。当任何一层发生变化时,只要接口保持不变,则在这层以上或以下各层均不受影响。另外,当某层提供的服务不再需要时,甚至可将此层取消。

③ 各层都可以采取最合适的技术来实现,各层实现技术的改变不影响其他层。

④ 易于实现和维护。因为整个系统已被分解为若干个易于处理的部分,这种结构使得一个庞大而又复杂的系统的实现和维护变得容易控制。

⑤ 有利于促进标准化。这主要是因为每一层的功能和所提供的服务都已有了明确的说明。

网络协议对于计算机网络是不可缺少的,一个功能完备的计算机网络需要制定一套复杂的协议集,对于复杂的计算机网络协议最好的组织方式就是层次结构模型。我们将计算机网络层次结构模型和各层协议的集合定义为计算机网络体系结构(Network Architecture)。网络体系结构是对计算机网络应完成的功能的精确定义。

引入分层模型后,即使遵循了网络分层原则,不同的网络组织机构或生产厂商所给出的计算机网络体系结构也不一定是相同的,关于层的数量、各层的名称、内容与功能都可能会有所不同。

2.2 OSI 参考模型

国际标准化组织(ISO)在 1977 年建立了一个分委员会来专门研究体系结构,提出了开放系统互连参考模型(OSI),这是一个定义连接异种计算机标准的主体结构,OSI 参考模型解决了已有协议在广域网和高通信负载方面存在的问题。"开放"表示能使任何两个遵守参考模型和有关标准的系统进行连接。"互连"是指将不同的系统互相连接起来,以达到相互交换信息、共享资源、分布应用和分布处理的目的。

2.2.1 OSI 参考模型的基本内容

OSI 参考模型采用分层的结构化技术,共分为 7 层,如图 2-1 所示。其中最低 3 层(1~3

层）是依赖网络的，涉及将两台通信计算机连接在一起所使用的数据通信网的相关协议，需要实现通信子网的功能。高3层（5~7层）是面向应用的，涉及允许两个终端用户应用进程交互作用的协议，通常是由本地操作系统提供的一套服务，需要实现资源子网的功能。中间的传输层为面向应用的上3层遮蔽了跟网络有关的下3层的详细操作。从实质上讲，传输层建立在由下3层提供服务的基础上，为面向应用的高层提供与网络无关的信息交换服务。

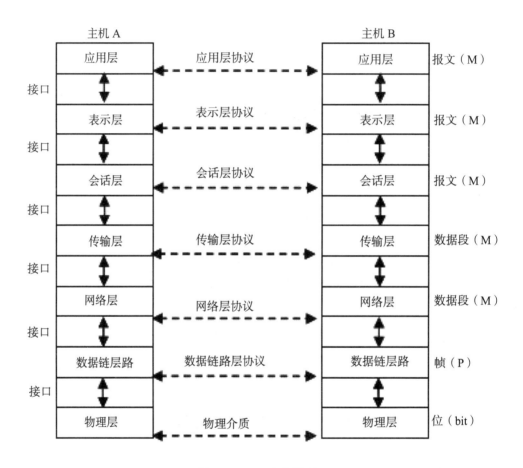

图 2-1　OSI 参考模型

2.2.2 OSI 参考模型各层的功能

OSI 参考模型的每一层都有它自己必须实现的一系列功能，以保证数据报能从源头传输到目的地。下面简单介绍 OSI 参考模型各层的功能。

（1）物理层（Physical Layer）

物理层位于 OSI 参考模型的最低层，它是在物理传输介质上传输原始的数据比特流。当一方发送二进制比特"1"时，对方应能正确地接收，并识别出来。为了实现在网络上传输数据比特流，物理层必须解决好包括传输介质、信道类型、数据与信号之间的转换、信号传输中的衰减和噪声等在内的一系列问题。另外，物理层标准要给出关于物理接口的机械、电气功能和规程特性，以便于不同的制造厂家既能够根据公认的标准各自独立地制造设备，又能使各个厂家的产品能够相互兼容。

（2）数据链路层（Data Link Layer）

数据链路层是指比特流被组织成数据链路协议数据单元（通常称为帧），并以其为单位进行传输，帧中包含地址、控制、数据及校验码等信息。数据链路层的主要作用是在数据传输过程中提供确认、差错控制和流量控制等机制，将不可靠的物理链路改造成对网络层来说无差错的数据链路。数据链路层还要协调收发双方的数据传输速率，即进行流量控制，以防止接收方因来不及处理发送方的高速数据而导致缓冲器溢出及线路阻塞。

（3）网络层（Network Layer）

网络层是指数据以网络协议数据单元（分组）为单位进行传输。网络中的两台计算机进行通信时，中间可能要经过许多中间结点甚至不同的通信子网。网络层的任务就是在通信子网中选择一条合适的路径，使发送端传输层传下来的数据能够通过所选择的路径到达目的端。另外，为避免通信子网中出现过多的分组而造成网络阻塞，需要对流入的分组数量进行控制。当分组要跨越多个通信子网才能到达目的地时，还要解决网际互联的问题。

（4）传输层（Transport Layer）

传输层是第一个端对端，即主机到主机的层次。传输层是OSI参考模型中承上启下的层，它下面的3层主要面向网络通信，以确保信息被准确有效地传输；它上面的3层则面向用户主机，为用户提供各种服务。传输层为会话层屏蔽了传输层以下的数据通信的细节，使高层用户可以利用传输层的服务直接进行端到端的数据传输，从而不必知道通信子网的存在。传输层为了向会话层提供可靠的端到端传输服务，也使用了差错控制和流量控制等机制。

（5）会话层（Session Layer）

传输层是主机到主机的层次，而会话层是进程到进程之间的层次。会话层主要功能是组织和同步不同的主机上各种进程间的通信（也称会话）。会话层负责在两个会话层实体之间进行对话连接的建立和拆除，它可管理对话，允许双向同时进行或任何时刻只能一个方向进行。在后一种场合下，会话层提供一种数据权标来控制哪一方有权发送数据。会话层还提供在数据流中插入同步点的机制，使得数据传输因网络故障而中断后，可以不必从头开始，仅重新传输最近一个同步点以后的数据即可。

（6）表示层（Presentation Layer）

OSI参考模型中，表示层以下的各层主要作用是避免数据在网络中传输时出错。表示层的功能是为上层用户提供共同需要的数据或表示变换信息语法。为了让采用不同编码方法的计算机能相互理解通信交换后数据的内容，可以采用抽象的标准方法来定义数据结构，并采用标准的编码表示形式。表示层管理这些抽象的数据结构，并将计算机内部的表示形式转换成网络通信中采用的标准表示形式。数据压缩和加密是表示层可提供的表示变换功能。表示层负责数据的加密，以在数据的传输过程对其进行保护。数据在发送端被加密，在接收端解密。表示层使用加密密钥来对数据进行加密和解密。另外，表示层负责文件的压缩，通过算法来压缩文件的大小，降低传输费用。

（7）应用层（Application Layer）

应用层是开放系统互连环境的最高层，负责为 OSI 参考模型以外的应用程序提供网络服务，而不为任何其他 OSI 层提供服务。不同的应用层为特定类型的网络应用提供访问 OSI 环境的手段。网络环境下不同主机间的文件传送访问和管理、传送标准电子邮件的文电处理系统、使不同类型的终端和主机通过网络交互访问的虚拟终端协议都属于应用层的功能范畴。必须注意的是，应用层并不等同于一个应用程序。应用层为用户提供电子邮件、文件传输、远程登录和资源定位等服务。

另外，应用层还包含大量的应用协议，如远程登录（Telnet）、简单邮件传输协议（SMTP）、简单网络管理协议（SNMP）和超文本传输协议（HTTP）等。

2.2.3 OSI 数据传输过程

按照 OSI 参考模型，网络中各结点都有相同的层次，不同结点的对等层具有相同的功能，同一结点内相邻层之间通过接口通信；每一层可以使用下层提供的服务，并向其上层提供服务；不同结点的对等层按照协议实现对等层的通信。每一层的协议与对等层之间交换的信息称为协议数据单元（PDU）。

图 2-2 提供了对等层之间通信的概念模型。主机 A 的应用层与主机 B 的应用层通信。同样，主机 A 的传输层、会话层和表示层也与主机 B 的对等层进行通信。OSI 参考模型的下 3 层必须处理数据的传输，路由器 C 参与此过程。主机 A 的网络层、数据链路层和物理层与路由器 C 进行通信。同样，路由器 C 与主机 B 的物理层、数据链路层和网络层进行通信。

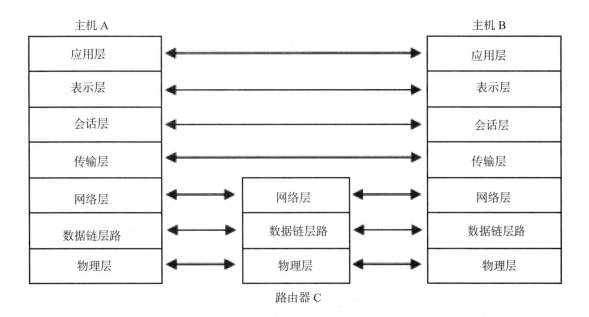

图 2-2 OSI 模型对等层通信概念模型

事实上，在某一层需要使用下一层提供的服务传送自己的 PDU 时，其当前层的下一层总是将上一层的 PDU 变为自己 PDU 的一部分，然后利用更下一层提供的服务将信息传递出去。在网络中，对等层可以相互理解和认识对方信息的具体意义。如果不是对等层，双方的信息就不可能（也没有必要）相互理解。

为了与其他计算机上的对等层进行通信，当数据需要通过网络从一个结点传送到另一个结点之前，必须在数据的头部或尾部定义特定的协议头或特定的协议尾。这一过程被称为数据打包或数据封装。协议头和协议尾是附加的数据位，由发送方计算机的软件或硬件生成，放在由第 N +1 层传给第 N 层的数据前面或后面。物理层并不使用封装，因为它不使用协议头和协议尾。同样，在数据到达接收结点的对等层后，接收方将识别、提取和处理发送方对等层增加的数据头部或尾部。这个过程被称为数据拆包或数据解封。

一个完整的 OSI 数据传输过程如图 2-3 所示。

（1）当发送进程需要发送数据（data）至网络中另一结点的接收进程时，应用层为数据加上本层控制报头（AH）后，传递给表示层。

（2）表示层接收到这个数据单元后，加上本层的控制报头（PH），然后传送到会话层。

（3）同样，会话层接收表示层传来的数据单元后，加上会话层自己的控制报头（SH），送往传输层。

（4）传输层接收到这个数据单元后，加上本层的控制报头（TH），形成传输层的协议数据单元 PDU，然后传送给网络层。通常，将传输层的 PDU 称为报文（message）。

（5）由于网络数据单元长度的限制，从传输层接收到的报文（NH）后，形成网络层的 PDU，网络层的 PDU 又称为分组（packet）。这些分组也需要利用数据链路层提供的服务，送往其接收结点的对等层。

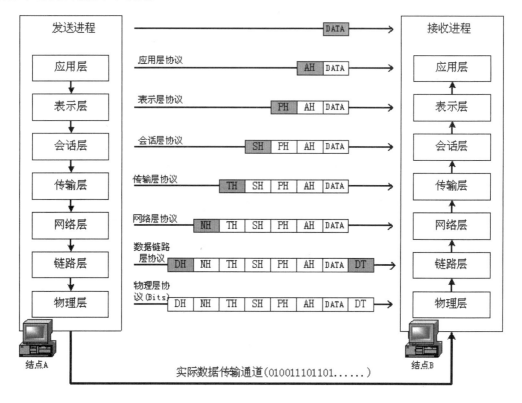

图 2-3 OSI 数据传输过程

（6）分组被送到数据链路层的报头（DH）和报尾（DT），形成了一种称为帧的链路层协议数据单元，帧将被送往物理层处理。

（7）数据链路层的帧传送到物理层后，物理层将以比特流的方式通过传输介质将数据传输出去。

（8）当比特流到达目的结点后，再从物理层依次上传。每层对其相应层的控制报头（和报尾）进行识别和处理，然后将去掉该层报头（和报尾）后的数据提交给上层处理。最终，发送进程的数据传到了网络中另一结节点的接收进程。

2.3 TCP/IP 协议的体系结构

尽管 OSI 参考模型得到了全世界的认同，但是互联网历史上和技术上的开发标准都是传输控制协议／网际协议（TCP/IP）参考模型。1975 年，TCP/IP 协议产生。1983 年 1 月 1 日，TCP/IP 协议成为 Internet 的标准协议。现在该标准协议已融入 UNIX、Linux、Windows 等操作系统中。

2.3.1 TCP/IP 参考模型

TCP/IP 协议是一种网络通信协议，它规范了网络上的所有通信设备，尤其是一个主机与另一个主机之间的数据往来格式以及传送方式。TCP/IP 参考模型是迄今为止发展最成功的通信协议。

TCP/IP 参考模型只有 4 个协议分层，由下而上分依次为：网络接口层、网际层、传输层、应用层。由图 2-4 可见，TCP/IP 参考模型与 OSI 参考模型有一定的对应关系。其中，TCP/IP 参考模型的应用层与 OSI 参考模型的应用层、表示层和会话层相对应；TCP/IP 参考模型的传输层与 OSI 参考模型的传输层相对应；TCP/IP 参考模型的互联层与 OSI 参考模型的网际层相对应；TCP/IP 参考模型的网络接口层与 OSI 参考模型的数据链路层和物理层相对应。

OSI 参考模型	TCP/IP 参考模型
应用层	应用层
表示层	
会话层	
传输层	传输层
网络层	网际层
数据链层路	网络接口层
物理层	

图 2-4 OSI 参考模型与 TCP/IP 参考模型

事实上 TCP/IP 协议是一个协议系列或协议族，目前包含了 100 多个协议。这些协议使任何具有网络设备的用户能访问和共享 Internet 上的信息，其中最重要的协议族是传输控制协议（TCP）和网际协议（IP）。TCP/IP 参考模型各层的一些重要协议，如图 2-5 所示。

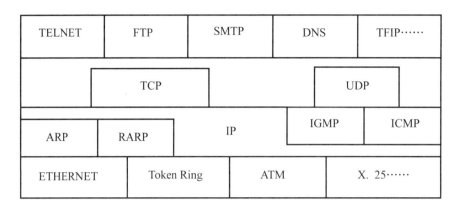

图 2-5　TCP/IP 参考模型各层使用的协议

2.3.2 TCP/IP 参考模型各层的功能简述

（1）网络接口层

在 TCP/IP 参考模型中，网络接口层是 TCP/IP 参考模型的最低层，负责接收从网际层传来的 IP 数据报，并将 IP 数据报通过底层物理网络发送出去，或者从底层物理网络上接收物理帧，抽出 IP 数据报，交给网际层。网络接口层协议定义了主机如何连接到网络，管理着特定的物理介质。在 TCP/IP 参考模型中可以使用任何网络接口，如以太网、令牌环网、FDDI、X.25、ATM、帧中继和其他接口。

（2）网际层

互联层的主要功能由 IP 来提供，并主要解决计算机到计算机的通信问题；互联层的另一重要功能是进行网络互联，网间报文根据它的目的 IP 地址，通过路由器传到另一网络。

IP 的核心任务是通过互联网络传送数据报。当在不同主机间发送报文时，源主机首先构造一个带有全局网络地址的数据报，并在其前面加上一个报头。若目的主机在本网内，IP 可直接通过网络送至主机。若目的主机在其他网中，则将数据报送到路由器。路由器将分组拆开，恢复为原始数据报，同时分析 IP 数据的报头部信息，以决定该数据报包含的是控制信息还是数据。若是数据，还需将数据分段，每个段成为独立的 IP 数据报，加上头后排队，进行路由选择并予以转发。目的主机收到 IP 数据报后，将相应的头除去，恢复成 IP 数据报，并将它们重组为原始数据（报），送至高层处理。

IP 协议不保证服务的可靠性，也不检查遗失或丢弃的报文，端到端的流量控制、差错的控制、数据报流排序等工作均由高层协议负责。

（3）传输层

传输层的作用是在源结点和目的结点的两个对等实体间提供可靠的端到端的数据通信。为保证数据传输的可靠性，传输层协议也提供了确认、差错控制和流量控制等机制。

TCP/IP 在传输层提供两个主要协议:传输控制协议（TCP）和用户数据报协议（UDP）。

TCP 协议是一种可靠的面向连接的协议，它允许将一台主机的字节流无差错地传送到目的主机。TCP 协议将应用层的字节流分成多个字节段，然后将每一个字节段传送到网际层，并利用网际层发送到目的主机。当网际层将接收到的字节段传送给传输层时，传输层再将多个字节段还原成字节流传送到应用层。与此同时，TCP 协议要完成流量控制、协调收发双方的发送与接收速度等功能，以达到正确传输的目的。

UDP 协议是一种不可靠的无连接协议，它主要用于不要求分组顺序达到的传输中，分组传输顺序检查与排序由应用层来完成。

（4）应用层

TCP/IP 协议的高层为应用层，它大致和 OSI 参考模型的会话层、表示层和应用层对应，但没有明确的层次划分。它包括了所有的高层协议，并且随着计算机网络技术的发展，还会有新的协议加入。应用层的主要协议包括：

① 网络终端协议（Telnet），用于实现互联网中远程登录功能。我们常用的电子公告牌系统（BBS）使用的就是这个协议。

② 文件传输协议（FTP），用于实现互联网中交互式文件传输功能。下载软件使用的就是这个协议。

③ 简单邮件传送协议（SMTP），用于实现互联网中电子邮件传送功能。

④ 域名服务（DNS），用于实现网络设备名字到 IP 地址映射的网络服务功能。

⑤ 简单网络管理协议（SNMP），用于管理和监视网络设备。

⑥ 超文本传输协议（HTTP），用于目前广泛使用的 Web 服务。

⑦ 路由信息协议（RIP），用于网络设备之间交换路由信息。

⑧ 网络文件系统（NFS），用于网络中不同主机间的文件共享。

2.3.3 ISO/OSI 参考模型与 TCP/IP 参考模型的比较

（1）相似点

ISO/OSI 参考模型和 TCP/IP 参考模型有许多相似之处，具体表现在：两者均采用了层次结构；都包含了能提供可靠的端对端的数据通信的传输层；两者都有应用层，虽然所提供的服务有所不同；均是一种基于协议数据单元的包交换网络，而且分别作为概念上的模型和事实上的标准，具有同等的重要性。

（2）不同点

ISO/OSI 参考模型和 TCP/IP 参考模型还有许多不同之处：

① OSI 参考模型包括 7 层，而 TCP/IP 参考模型只有 4 层。虽然它们具有功能相当的网络层、传输层和应用层，但其他层并不相同。TCP/IP 参考模型中没有专门的表示层和

会话层，它将与这两层相关的表达、编码和会话控制等功能在应用层中完成。另外，TCP/IP 参考模型还将 OSI 的数据链路层和物理层包括到了一个网络接口层中。

② OSI 参考模型在网络层支持无连接和面向连接的两种服务，而在传输层仅支持面向连接的服务。TCP/IP 参考模型在网络层则只支持无连接的一种服务，但在传输层支持面向连接和无连接两种服务。

③ TCP/IP 由于有较少的层次，因而显得更简单，TCP/IP 一开始就考虑到多种异构网的互联问题，并将网际协议（IP）作为 TCP/IP 的重要组成部分，并且作为从 Internet 上发展起来的协议，已经成了网络互连的事实标准。

第3章 数据通信系统

通信已经成为现代生活必不可少的一部分。正是因为通信技术的发展，才使得计算机连接成网络成为可能。数据通信是指两点或多点之间以二进制形式进行信息传输与交换的过程。由于现在大多数信息传输与交换是在计算机之间或计算机与打印机等外围设备之间进行，所以数据通信有时也称为计算机通信。

本章基本要求：了解模拟传输与数字传输的基本原理；掌握常用数据编码与多路复用技术；掌握信息交换技术。

3.1 数据通信的基本概念

3.1.1 信息、数据和信号

通信是为了交换信息。信息是客观事物属性和相互联系特性的表征，它反映了客观事物的存在形式和运动状态。事物的运动状态、结构、颜色、温度等都是信息的不同表现形式。而人造通信系统中传送的文字、语音、图像、符号和数据等也是包含一定信息内容的不同信息形式。信息可以分为文字信息、语音信息、图像信息和数据信息等。

数据是信息的载体，可以理解为"信息的数字化形式"，可以是数字、文字、语音、图形和图像。"数据"通常是指具有一定数字特性的信息，如统计数据、气象数据、测量数据，以及计算机存储、处理和传输的二进制数字编码。

数据分为模拟数据和数字数据。模拟数据取连续值，数字数据取离散值。在数据被传送之前，要变成适合于传输的电磁信号：或是模拟信号，或是数字信号。

信号是数据的电磁波表示形式。模拟数据和数字数据都可用这两种信号来表示。模拟信号是随时间连续变化的信号，这种信号的某种参量，如幅度、频率或相位等可以表示要传送的信息。传统的电话机送话器输出的语音信号，电视摄像机产生的图像信号以及广播电视信号等都是模拟信号。数字信号是离散信号，如计算机通信所用的二进制代码"0"和"1"组成的信号。

信道是用来表示向某一个方向传送信息的媒体。信道和电路并不等同，一条通信电路往往包含一条发送信道和一条接收信道。和信号的分类相似，信道也可以分成传送模拟信号的模拟信道和传送数字信号的数字信道两大类。

模拟数据和数字数据都可以转换为模拟信号或数字信号。具体有以下四种情况：

（1）模拟数据、模拟信号

模拟数据可以用模拟信号来表示，最早的电话通信系统是它的一个应用模型。

（2）模拟数据、数字信号

模拟数据也可以用数字信号来表示。将模拟数据转换成数字形式后，就可以使用先进的数字传输和交换设备。数字电话通信是它的一个应用模型。

（3）数字数据、模拟信号

数字数据可以用模拟信号来表示，如调制解调（Modem）可以把数字数据调制成模拟信号；也可以把模拟信号解调成数字数据。用 Modem 拨号上网是它的一个应用模型。

（4）数字数据、数字信号

数字数据可以用数字信号来表示。数字数据可直接用二进制数字脉冲信号来表示，但为了改善其传播特性，一般先要对二进制数据进行编码。数字数据专线网（DDN）网络通信是它的一个应用模型。

3.1.2 数据通信系统的模型

了解了信息、数据、信号和信道的概念后，我们通过一个简单的例子来说明数据通信系统的模型。这个例子就是两个 PC 机通过普通电话线的连线，再经过公用电话网进行通信。一个数据通信系统可划分为三大部分：

① 源系统：也可以称为信源或发送端。

② 中间系统：即传输网络。

③ 目的系统：也可以称为信宿或接收端。

源系统一般包含两个部分：

① 源点：源点设备产生要传输的数据，例如，正文输入到 PC 机，产生输出的数字比特流。

② 发送器：通常源点生成的数据要通过发送器编码后才能够在传输系统中进行传输。例如，调制解调器将 PC 机输出的数字比特流转换成能够在用户的电话线上传输的模拟信号。现在很多 PC 机使用内置的调制解调器，用户在 PC 机外面看不到这个设备。

目的系统也包含两个部分：

① 接收器:接收传输系统传送过来的信号，并将其转换成能够被目的设备处理的信号。例如，调制解调器接收来自传输线路上的模拟信号，并将其转换成数字比特流。

②终点：终点设备从接收器获取传送过来的信息。

在源系统和目的系统之间的传输系统可能是简单的传输线，也可能是一个复杂的网络系统。通信系统的模型如图 3-1 所示。

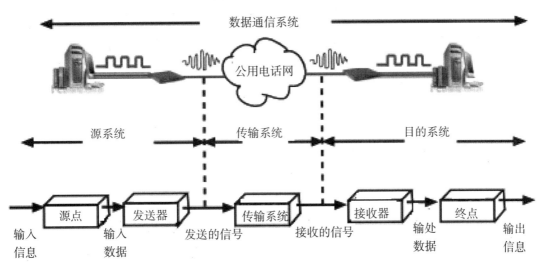

图 3-1　通信系统的模型

为了更好地理解数据通信系统，应该注意下面的三个问题：

① 发送器和接收器均是变换信号的设备，在实际的通信系统中有各种具体的设备名称。如信源发出的是数字信号，当要采用模拟信号传输时，则要将数字信号变成模拟信号，这个过程叫作调制，使用调制器来实现，而接收端将模拟信号转换为数字信号的过程称为解调，使用解调器来实现。在通信中常要进行两个方向的通信，故将调制器与解调器做成一个设备，称为调制解调器，它具有将数字信号变换为模拟信号以及将模拟信号恢复为数字信号的两种功能。

当信源发出模拟信号，而要以数字信号的形式传输时，则要将模拟信号变换为数字信号，这个过程通常通过所谓的编码器来实现。数字信号到达接收端后，再经过解码器将数字信号恢复为原来的模拟信号。实际应用过程中，一般为双向通信，故将编码器与解码器做成一个设备，称为编码解码器。

② 虽然数字化已成为当今的趋势，但这并不等于说使用数字数据和数字信号就一定是"先进的"，使用模拟数据和模拟信号就一定是"落后的"。数据究竟应该是数字的还是模拟的，是由所产生数据的性质决定的。例如，当我们说话时，声音大小是连续变化的，因此运送话音的声波就是模拟数据。但数据必须转换成信号才能够在网络媒体上传输。再如，现在互联网中广泛使用的传输媒体光纤只适合传输连续的光信号，也就是模拟信号，因此计算机端输出的数字数据必须转换成模拟信号才能够进行传输。

③ 在图 3-3 所示的通信系统模型中，如果网络的传输信道都是适合传送数字信号的信道，那么 PC 机输出的数字比特流就没有必要再转换为模拟信号了。现在因为要使用一段电话用户线，所以必须使用调制解调器中的调制器将 PC 机中输出的数字信号转换为模拟

信号。在公用电话网中，交换机之间的中继线路大多已经数字化了，因此模拟信号还必须转换为数字信号才能在数字信道上传输。为简单起见，这部分信号的变化在图中没有画出。等到信号要进入接收端的用户线时，数字信号再转换为模拟信号。最后，再经过调制解调器中的解调器，转换为数字信号，进入接收端的计算机，经计算机的处理，再恢复成正文。

3.1.3 数据通信中的主要性能指标

（1）数据传输速率

在数据通信系统中，为了描述数据传输速率的大小和传输质量的好坏，需要运用波特率和比特率等技术指标。波特率和比特率是用不同的方式描述系统传输质量的参量。

① 比特率（S）

比特率又称信息速率，它反映一个数据通信系统每秒所传输的二进制数据位数（bit），单位是：比特 / 秒（bits/s）或 bps。

② 波特率（B）

波特率是一种调制速率，又称波形速率。它是指数字信号经过调制后的速率，即经过调制后的模拟信号每秒钟变化的次数，也就是数据通信系统中线路上每秒传送的波形个数，其单位为波特。

设一个波形的持续周期为 T，则波特率可以表示为：

$$B = 1/T \hfill 公式3\text{-}1$$

比特率和波特率是两个不同的概念，它们之间的关系是：

$$S = B\log_2 N \ (bps) \hfill 公式3\text{-}2$$

其中，N 为一个脉冲信号所表示的有效状态数。在二进制中，脉冲的"有"和"无"表示 0 和 1 两种状态。对于多相调制来说，N 表示相的数目。在二相调制中，N=2，所以比特率和波特率相等。但在多相调制中，波特率与比特率就不相同了，参见表 3-1。

表 3-1　比特率和波特率之间的关系

波特率	1200	1200	1200	1200
多相调制的相数	二相调制（N=2）	四相调制（N=4）	八相调制（N=8）	十六相调制（N=16）
比特率	1200	2400	3600	4800

③ 误码率

误码率是衡量通信系统线路质量的一个重要参数，指二进制符号在传输系统中被传错的概率。近似等于被传错的二进制符号数与所传二进制符号总数的比值，即：

$$Pe \approx N_e \ / \ N \hfill 公式3\text{-}3$$

其中 N_e 表示接收的错误比特数，N 表示传输的总比特数。

根据测试，目前电话线路在 300~2400 b/s 传输速率时的平均误码率在 10^{-4} ~10^{-6} 之间，在 2400~9600 b/s 传输速率时的平均误码率在 10^{-2}~10^{-4} 之间，而在计算机网络通信中误码率要求低于 10⁻⁶，即平均每传送 1 兆二进制位，才能错 1 位。因此，在计算机网络中使用普通通信信道时，采用差错控制技术才能满足计算机通信系统对可靠性指标的要求。

④ 带宽

带宽本来是指某个信号具有的频带宽度。我们知道，一个特定的信号往往由许多不同的频率组成。因此，带宽即信道允许传送信号的最高频率和最低频率之差，单位为赫（Hz）、千赫（kHz）、兆赫（MHz）等。例如，在传统的通信线路上传送的电话信号的标准带宽是 3.1 kHz（从 300 Hz 到 3400 Hz）。

⑤ 信道容量

信道容量是衡量系统有效性的指标，它和系统的通信效率与可靠性都有直接的关系。实际上，衡量系统可靠性指标的误码率和衡量通信效率的传输速率两者之间是相互制约的。即在一定条件下，提高通信效率会使可靠性降低，提高可靠性就会使通信效率降低。

信道容量是一个极限参数，它一般是指物理信道上能够传输数据的最大能力。当信道上传输的数据速率大于信道所允许的数据速率时，信道就不能用来传输数据了。香农定理指出，信道的带宽和信噪比（信噪比是信号功率和噪声功能之比）越高，则信道的容量就越高。因此，在网络设计中，应当注意所用的数据传输速率一定要低于信道容量所规定的数值。

3.1.4 数据通信过程中涉及的主要技术问题

网络中任意两台主机进行通信的过程，如图 3-2 所示。

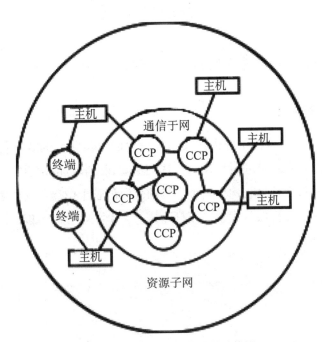

图 3-2　计算机之间的通信结构图

资源子网由若干主机和终端组成，通信子网由若干通信控制处理机（CCP）组成。如果资源子网中的两台主机要进行通信，首先发送数据的主机将数据发送给与自己直接相连的 CCP，CCP 以存储转发的方式接收数据，决定数据通过通信子网中的哪些 CCP，最终到达接收数据的主机。

在这个通信过程中，需要解决的问题有：

① 数据传输与通信方式。在数据通信过程中，是采用串行通信方式还是并行通信方式？是采用单工通信方式还是采用全双工通信方式？

② 数据传输类型。在数据通信过程中，信号的表示方式，即是使用数字信号表示还是使用模拟信号表示？

③ 数据传输的同步技术。采用同步通信方式还是异步通信方式？

④ 多路复用技术。为了提高物理信道的利用率而采取的技术是频分复用、时分复用还是波分复用？

⑤ 广域网交换技术。当设计一个远程网络时所采用的技术是电路交换还是分组交换？是数据报方式还是虚电路方式？

⑥ 差错控制技术。实际的物理通信信道是有差错的，为了达到网络规定的可靠性技术指标，必须采用差错控制技术，如差错的自动检测和差错纠正方面采用什么技术？

通过学习数据通信系统，我们要逐一掌握数据通信方式、数据传输类型、多路复用技术和差错控制技术等知识，从而更好地理解计算机之间的通信。

3.2　数据通信方式

在进行数据传输时，可以选择两种方式：一种是并行通信，一种是串行通信。

3.2.1 并行传输

并行通信通常用于计算机系统内部及与外设之间大量频繁的数据传输。在这种方式中，数据编码的各个比特都是同时发送的。从发送端到接收端的信道需要用到相应的若干根传输线。常用的并行方式是将构成一个字符的代码的若干位通过同样多的并行信道同时传输。例如，计算机的并行口常用于连接打印机，一个字符分为 8 位，因此每次并行传输 8 位信号，如图 3-3 所示。

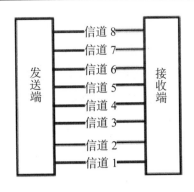

图 3-3　并行数据传输

　　并行传输的优点是传输速度快，处理简单。但在远距离通信时，这种通信需要的线路太多，通信成本偏高。另外，并行线路间电平的相互干扰也会影响传输质量，因此一般不采用并行通信。

3.2.2 串行传输

　　串行数据传输时，数据是一位一位地在通信线上传输的。因为计算机内部操作多采用并行传输方式，因此在采用串行传输时，要使用转换设备进行并/串和串/并转换。先由具有几位总线的计算机内的发送设备，将几位并行数据经并—串转换硬件转换成串行方式，再逐位经传输线送达接收站的设备中，并在接收端将数据从串行方式重新转换成并行方式，以供接收方使用。

　　串行数据传输的速度要比并行传输的速度慢得多，但这种方式节省线路成本，因此它是远距离数据通信较好的选择。对于覆盖面极其广阔的公用电话系统来说具有更大的现实意义。

　　串行数据通信有三种工作方式，分别是单工通信、半双工通信和全双工通信。

（1）单工通信

　　凡是利用一条物理信道、只能进行单向信息传输的通信，称为单工通信。信号在信道中只能从发送端传送到接收端。理论上讲，单工通信的线路只需要一根线，但在实际中，一般采用两个通信信道，一个用来传送数据，一个传送控制信号，简称为2线制，如图3-4所示。例如，BP机（寻呼机）只能接收寻呼台发送的信息，而不能发送信息给寻呼台。有线电视和广播也属于单工通信。

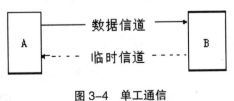

图 3-4　单工通信

（2）半双工通信

半双工通信是指可以进行双向传输，但由于只有一条物理信道（2 线制），因此同一时刻只限于一个方向传输，如图 3-5 所示。这种方式要求 A、B 双方都有发送装置和接收装置。若想改变信息的传输方向，需要利用开关进行转换。这种通信制式广泛应用于交互式会话通信。如对讲机只能单向传输信息，当一方讲话时，另一方就无法讲话，只能等一方讲完，另一方才能讲话。

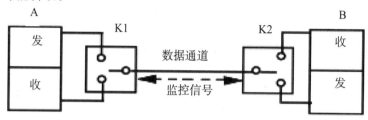

图 3-5　半双工通信

（3）全双工通信

全双工通信是指通信双方在任何时刻，均可进行双向通信，无任何限制，这种制式往往用于实时数据交换，它需要具有两条以上的物理信道（3 线制或 4 线制），如图 3-6 所示。

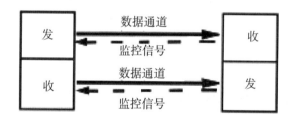

图 3-6　全双工通信

为了提高传输速度，现在越来越多的高速数据通信系统或计算机网络系统开始采用全双工通信制式。例如，日常生活中使用的电话或手机，双方在讲话的同时，可以收听电话。全双工通信效率高，控制简单，但造价高，适用于计算机之间的通信。

3.3　数据交换技术

在计算机广域网中，计算机通常使用公用通信信道进行数据交换。在通信子网中，从一台主机到另一台主机传送数据时，可能会经历由多个节点组成的路径。通常将数据在通信子网中节点间的数据传输过程称为数据交换，其对应的技术称为数据交换技术。在传统的广域网的通信子网中，使用的数据交换技术可分为两类：电路交换技术和存储转发技术。存储转发技术又可分为报文交换技术和分组交换技术。

随着网络应用技术的迅速发展，大量的高速数据、声音、图像、影像等多媒体数据需要在网络上传输。因此，对网络的带宽和传输实时性的要求越来越高。传统的电路交换与分组交换方式已经不能适应新型的宽带综合业务的需要。因此，一种崭新的交换技术应运而生，这就是异步传输模式（ATM）。ATM一出现就引起了人们的高度关注，并且迅速成为宽带综合业务数据网的技术核心。从本质上看，ATM技术也是一种高速的分组交换技术。

3.3.1 电路交换

（1）电路交换的工作原理

电路交换最典型的例子就是电话通信系统。一百多年来，经过了多次改革和更新，电话通信系统已经从电话交换机的人工转接，发展到了现代程控交换机的自动转接。然而，它们使用的交换方式始终未变——通过交换机实现线路的转接。电路交换的示意图，如图3-7所示。

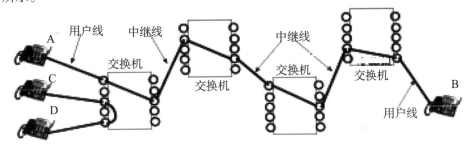

图 3-7　电路交换示意图

在电路交换和转接过程中，通信的双方首先必须通过结点交换机建立专用的通信信道，也就是在通信双方之间建立起实际的物理线路连接，然后使用这条端到端的线路进行通信。

电路交换的通信过程分为三个过程：

① 电路建立。在传输任何数据之前，都要先经过呼叫过程建立一条端到端的电路。如图3-10所示，若用户A要与用户B通信，典型的做法是：A先向与其相连的交换机提出请求，然后该交换机负责连接通往用户B的下一个交换机，依此类推最终在A与B之间就有一条专用电路，用于用户之间的数据传输。

② 数据传输。电路建立以后，双方就可以进行通信。在整个数据传输过程中，所建立的电路必须始终保持连接状态。

③ 电路拆除。数据传输结束后，由某一方（A或B）发出拆除请求，然后逐节拆除到对方结点。

（2）电路交换技术的特点

① 电路交换技术的特点。在数据传送开始之前必须先设置一条专用的通路。在线路释放之前，该通路由一对用户完全占用。对于猝发式的通信，电路交换效率不高。

② 电路交换技术的优点。数据传输可靠、迅速，数据不会丢失且保持原来的序列。

③ 电路交换技术的缺点。在某些情况下，电路空闲时的信道容易被浪费，在短时间数据传输时电路建立和拆除所用的时间得不偿失。因此，它适用于系统间要求大量的高质量数据传输的情况。

3.3.2 报文交换

当端点间交换的数据具有随机性和突发性时，采用电路交换方法的缺点是会造成信道容量和有效时间的浪费。采用报文交换则不存在这种问题。

（1）报文交换的原理

报文交换方式的数据传输单位是报文，报文就是站点一次性要发送的数据块，其长度不限且可变。当一个站要发送报文时，它将一个目的地址附加到报文上，网络结点根据报文上的目的地址信息，把报文发送到下一个结点，并由各个结点逐一转送到目的结点。

每个结点在收到整个报文并检查无误后，就暂存这个报文，然后利用路由信息找出下一个结点的地址，再把整个报文传送给下一个结点。因此，端与端之间无须先通过呼叫建立连接。

一个报文在每个结点的延迟时间，等于接收报文所需的时间加上向下一个结点转发所需的排队延迟时间之和。

（2）报文交换的特点

① 报文从源点传送到目的地采用"存储—转发"方式，在传送报文时，一个时刻仅占用一段通道。

② 在交换结点中需要缓冲存储，报文需要排队，故报文交换不能满足实时通信的要求。

（3）报文交换的优点

① 电路利用率高。由于许多报文可以分时共享两个结点之间的通道，所以对于同样的通信量来说，对电路的传输能力要求较低。

② 在电路交换网络上，当通信量变得很大时，就不能接受新的呼叫。而在报文交换网络上，通信量大时仍然可以接收报文，不过传送延迟会增加。

③ 报文交换系统可以把一个报文发送到多个目的地，而电路交换网络很难做到这一点。

④ 报文交换网络可以进行速度和代码的转换。

（4）报文交换的缺点

① 不能满足实时或交互式的通信要求，报文经过网络的延迟时间长且不定。

② 当结点收到过多的数据而无空间存储或不能及时转发时，就不得不丢弃报文，而且发出的报文不按顺序到达目的地。

3.3.3 分组交换

报文交换对传输的数据块的大小不加以限制，对某些大报文的传输，结点交换机必须进行缓存，往往单个报文可能占用线路长达几分钟，这样显然不适合交互式通信。

（1）分组交换的原理

分组交换是报文交换的一种改进，它将报文分成若干个分组，每个分组的长度有一个上限，有限长度的分组使得每个结点所需的存储能力降低了。分组可以存储到内存中，这样能够提高交换速度。它适用于交互式通信，如终端与主机通信。分组交换技术是计算机网络中使用最广泛的一种交换技术，工作原理如下：

分组交换网由若干个结点交换机和连接这些交换机的链路组成。使用圆圈表示的结点交换机是整个网络的核心设备，现在一般都使用路由器作为核心设备。

结点交换机处理分组的过程是：将收到的分组先放入缓存，再查找路由表（路由表中写有到达目的网络应该如何转发的信息），然后确定将分组转发给哪个结点交换机。

现在假定主机 H1 向主机 H6 发送数据。主机 H1 先将分组一个个地发往与它直接相连的结点交换机 A。此时，除链路 H1—A 外，其他通信链路并不被目前通信的双方所占用。

结点交换机 A 将主机 H1 发来的分组放入缓存。查找路由表，假定从路由表中查出应该将该分组转发给结点交换机 C，于是分组就经过链路 A—C 到达结点交换机 C。C 继续按照上述方式查找路由表，将分组转发给结点交换机 E，最后将分组送给主机 H6。

假定在某一分组的传送过程中，链路 A—C 的通信量太大并产生了拥塞，那么结点交换机 A 可以将分组转发给与之相连的另外一个结点交换机 B，B 再将分组转发给 E 最后送给主机 H6。

（2）分组交换的优缺点

优点：

① 高效。在分组传输的过程中，动态分配传输带宽对通信链路是逐段占用。

② 灵活。每个结点均有智能，为每一个分组独立地选择转发的路由。

③ 迅速。以分组作为传送单位，通信之前可以不必先建立连接就能发送分组。

④ 完善的网络协议。分布式多路由的通信子网。

缺点：

① 时延大。分组在结点交换机存储转发时因要排队造成时延。当网络通信量大时，这种时延可能会很大。

② 开销大。每个分组携带的控制信息造成了系统额外的开销。

分组交换在实际应用中有两种类型：虚电路方式（VC）和数据报方式（DG），前者是面向连接的，后者是面向无连接的。

（3）虚电路分组交换原理与特点

在虚电路分组交换中，为了进行数据传输，网络的源结点和目的结点之间要先建一条逻辑通路。每个分组除了包含数据之外，还包含一个虚电路标识符。在预先建好的路径上，每个结点都知道把这些分组引导到哪里去，不再需要路由选择判定。最后，由某一个清除请求分组来结束这次连接。它之所以"虚"，是因为这条电路不是专用的。

虚电路分组交换的主要特点是：在数据传送之前必须通过虚呼叫设置一条虚电路。但并不像电路交换那样有一条专用通路，分组在每个结点上仍然需要缓冲，并在线路上排队等待输出。

（4）数据报分组交换原理与特点

在数据报分组交换中，每个分组的传送是被单独处理的。每个分组称为一个数据报，每个数据报自身携带足够的地址信息。一个结点收到一个数据报后，根据数据报中的地址信息和结点所储存的路由信息，找出一个合适的出路，把数据报原样地发送到下一结点。由于各数据报所走的路径不一定相同，因此不能保证各个数据报按顺序到达目的地，有的数据报甚至会中途丢失。整个过程中，没有虚电路建立，但要为每个数据报做路由选择。

分组交换技术是我国邮政公用数据网（PDN）、中国公用分组交换数据网（ChinaPAC）等网络中广泛采用的主要技术之一。

3.3.4 各种数据交换技术的性能比较

① 电路交换。在数据传输之前必须先设置一条完全的通路。在线路拆除之前，该通路由一对用户完全占用。电路交换效率不高，适合于较轻和间接式负载使用的线路进行通信。

② 报文交换。报文从源点传送到目的地采用存储转发的方式，报文需要排队。因此，报文交换不适合于交互式通信，不能满足实时通信的要求。

③ 分组交换。分组交换方式和报文交换方式类似，但报义被分组传送，并规定了最大长度。分组交换技术是在数据网中使用得最广泛的一种交换技术，适用于交换中等或大量数据的情况。

3.4 多路复用技术

为了节省线路，充分利用信道的容量，提高信道的利用率，一种有效的方法就是采用多路复用（Multiplex）技术，把单条物理信道划分成多条逻辑信道，用一条物理信道同时传输多路数据。多路复用的技术实现方式有时分多路复用、频分多路复用、波分多路复用和码分多路复用等技术。

3.4.1 时分多路复用技术 (TDM)

时分多路复用技术是以信道传输时间作为分割对象，通过为多个信道分配互不重叠的时间片的方法来实现多路复用。因此，时分多路复用更适合用于数字数据信号的传输。

时分多路复用技术是将信道用于传输的时间划分为若干个时间片，也称为时隙，每个用户分得一个时间片，在其占有的时间片内，用户使用通信信道的全部带宽。多个时隙组成的帧称为"时分复用帧"，如图3-8所示。

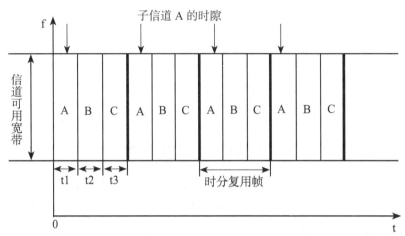

图3-8　时分多路复用原理示意图

上图表示了三个复用信号，A、B、C 分别在 t1、t2 和 t3 三个时间片内占用信道。即在 t1 时间内，传送信号 A；t2 时间内，传送信号 B；t3 时间内，传送信号 C。假定每个输入信号要求 9.6 Kb/s 的传输速率，则一条容量为 28.8 Kb/s 的信道，可以满足传输 3 路信号的要求。如前所述，各路信号首先必须将各自的传输速率都调整到 28.8 Kb/s，然后再传送。此处专门用于某个信号的"时隙"序列组成该信道的逻辑信道，上图中有 A、B、C 共 3 个逻辑信道。

可见，时分多路通信技术的主要特点是利用不同时隙来传送各路不同的信号。各路信号在频谱上是重叠的，但在时间上是不重叠的。目前，时分多路复用通信方式大都用于数字通信系统。

3.4.2 频分多路复用技术 (FDM)

频分多路复用技术以信道频带作为分割对象，按不同的频率范围将一条物理信道划分成多条逻辑信道。这种通过为物理信道分配互不重叠频率范围的方法来实现多路复用的技术，就称为多路复用技术。频分多路复用技术更适用于模拟数据信号的传输。

频分多路复用技术的基本原理是：由于各条逻辑信道占用的频率范围（即频带）是不同的，即各个信道所占用的频带不相互重叠，因此在进行多路数据传输时，需要将多路信号的每一路信号用不同的载波频率进行调制，并且相邻信道之间用"警戒频带"隔离。那么，每个逻辑信道就能独立地传输一路数据信号。频分多路复用技术原理，如图 3-9 所示。

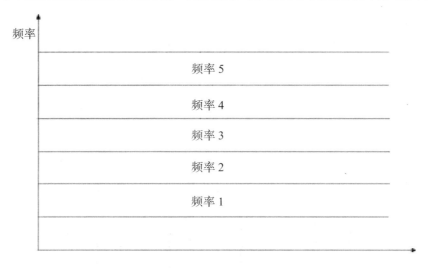

图 3-9　频分多路复用原理示意图

在接收端，利用上述相反的调制过程，把各种信号通过反调制再搬回原来的频段上，并进一步恢复各路原来的信号。从而实现在一个传输频带上，分割多个频段，让多路信号通过这多个频段同时进行传输。

频分多路复用技术是在公用电话网中传输语音信息时，常用的电话线复用技术。目前，它也常被用在宽带计算机网络中。例如，载波电话通信系统就是频分多路复用技术的典型应用。

3.4.3 波分多路复用技术 (WDM)

波分多路复用技术的工作原理，如图 3-10 所示。

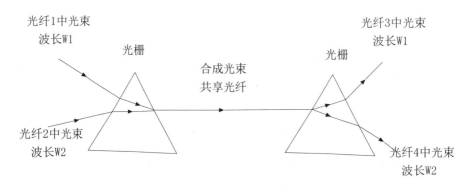

图 3-10　波分多路复用原理示意图

图中所示的两束光波的频率是不相同的，它们通过棱镜（或光栅）之后，使用了一条共享的光纤传输，它们到达目的结点后，再经过棱镜（或光栅）重新分成两束光波。因此，波分多路复用技术并不是什么新的概念，只要每个信道有各自的频率范围且互不重叠，它们就能够以多路复用的方式通过共享光纤进行远距离传输。波分多路复用技术与电信号频分多路复用技术的不同之处在于，波分多路复用技术是在光学系统中利用衍射光栅来实现多路不同频率光波信号的合成与分解的。

3.4.4 频分多路复用、时分多路复用和波分多路复用技术的比较

频分多路复用技术：按频率分割，在同一时刻能同时存在并传送多路信号，每路信号的频带不同。

时分多路复用技术：按时间分割，每一时隙内只有一路信号存在，多路信号分时轮换地在信道内传送。

波分多路复用技术：按波长分割，在同一时刻能同时存在并传送多路信号，每路信号的波长不同，其实质也是频分多路复用。

3.4.5 码分多路复用技术 (CDMA)

码分多路复用技术是利用不同的编码波形实现多目标信息传输的系统。该技术建立在正交编码、相关接收的理论基础上，利用伪随机噪声码相关性解决无线通信的选址问题。各个目标的已数字化被测群信号，经一组速率远高于其群信号速率的正交 PN 码扩频调制，使频谱扩展几百倍至上千倍，然后分别调制到上千兆赫兹的同一频率的载波上发送；接收端利用 PN 码的正交特性进行相关解扩，再经窄带带通滤波器，恢复出与本地 PN 码所对应的目标被测群信号。该系统的主要特点是：

① 适用于多目标遥测。

② 扩频后，信号功率分布在很宽的频带中，接收不易发生"阻塞"现象。

③ 抗干扰能力强，保密性好，误码率低。

④ 使用的载波频率不需要向有关部门申请。

码分多路复用技术与目前广泛应用的"码分多址数字蜂窝移动通信系统"的主要区别是：后者传输的信号一般是单一的话音信号，需由庞大的无线网络支持，而前者传输的大都是编码的群信号，一般不需要庞大的网络支持。

3.5 差错控制与校验

3.5.1 差错产生的原因与差错类型

传输差错是指通过通信信道的接收数据与发送数据不一致的现象。当数据从信源出发，由于信道总是有一定的噪声存在，因此在到达信宿时，接收信号是信号与噪声的叠加。在接收端，接收电路在取样时刻判断信号电平，如果噪声对信号叠加的结果在最后电平判决时出现错误，就会引起传输数据的错误。

信道噪声分为热噪声与冲击噪声两类。热噪声由传输介质导体的电子热运动产生。如噪声脉冲、衰减、延迟失真等引起的差错。热噪声的特点是时刻存在，幅度较小，强度与频率无关，但频谱很宽，是一类随机噪声，会引发随机差错。冲击噪声由外界电磁干扰引起，如电磁干扰、太阳噪声、工业噪声等引起的差错。与热噪声相比，冲击噪声幅度较大，是引起传输差错的主要原因。冲击噪声持续时间与数据传输中每比特的发送时间相比可能较长，因而冲击噪声可引起相邻的多个数据位出错，其所引起的传输差错为突发差错。

通信过程中产生的传输差错由随机差错与突发差错共同构成。计算机网络通信系统中对平均误码率的要求是低于 10^{-6}，若要达到此要求，必须解决好差错的自动检测和差错的自动校正问题。

3.5.2 差错的检验与校正

差错控制技术包含两个方面的内容：差错的检测和差错的纠正。

（1）检错法

检错法的工作原理是发送方在发送数据时，增加一些用于检查差错的附加位，从而达到无差错传输的目的。这些用于检查差错的附加位被称为检错码，当接收方收到数据时，就会根据检错码进行检测，如果检测无误，便向发送方发送一个肯定回答；如果通过检测，发送数据有误，便向发送方发回一个否定的应答，发送方会重发。这就是经典的"肯定应答 / 否定应答"（ACK/NAK）式的差错控制技术。

检错法通过"检错码"检错，通过"重传机制"达到纠正错误的目的，原理简单，容易实现，编码和解码的速度较快，因此被广泛使用。

常用的检错码有：奇偶校验法、方块码和循环冗余码等。

（2）纠错法

纠错法的工作原理是发送方在发送数据时，增加足够多的附加位，从而使得接收方能够准确地检测到差错，并且可以自动地纠正错误。这些足以使接收方发现错误的冗余信息称为纠错码。

使用纠错法发送的数据中含有大量的"附加位",因此传输效率较低,实现起来复杂,编码和解码的速度慢,造价高,费时,一般通信场合不适合使用。

常用的纠错码有汉明码。

(3)奇偶校验

奇偶校验也叫垂直冗余校验(VRC),它是以字符为单位的校验方法。一个字符由8位组成,低7位是信息字符的ASCII码,最高位叫奇偶校验位。该位中放"1"或放"0"是按照这样的原则:使整个编码中"1"的个数成为奇数或偶数,如果整个编码中,"1"的个数为奇数,则叫"奇校验";"1"的个数为偶数,则叫"偶校验"。

例如表3-2是"奇校验"和"偶校验"的示例。ASCII字符的"Y"的7位代码是1011001,有4个"1",因此"偶校验"时,检验位应为"0",以保证整个字符中的1的个数为偶数,因此整个被发送的字符为:01011001。而"奇校验"时,为保证整个字符中的1的个数为奇数,检验位应为"1",整个被发送的字符为:11011001。

表3-2　奇偶校验位的设置

检验方式	检验位	ASCII 代码位	字符	ASCII 代码位十进制
	8	7 6 5 4 3 2 1		
偶校验	0	1 0 1 1 0 0 1	Y	89
奇校验	1	1 0 1 1 0 0 1	Y	89

校验的原理是:如果采用奇校验,发送端发送一个字符编码(含校验位共8位)中,"1"的个数一定为奇数个,在接收端对8个二进位中的"1"的个数进行统计,若统计"1"的个数为偶数个,则意味着传输过程中有1位(或奇数位)发生差错。但这种方法只能检查出错误而不能纠正错误。

表3-3列举了奇校验的工作方式,从表可以看出,原理虽然很简单,但并不是一种安全的差错控制方法,适合差错率低的传输环境。

表3-3　奇校验的工作方式

方式序号	发送方	接收方	奇校验结果
第一种方式	11011001	11011001	奇数个"1",校验正确
第二种方式	11011001	10011001	一个位出错,偶数个"1",校验错误
第三种方式	11011001	10010001	二个位出错,奇数个"1",校验正确
第四种方式	11011001	10000001	三个位出错,偶数个"1",校验错误

(4)方块校验(LRC)

方块校验也叫水平垂直冗余校验(LRC),这种方法是在VRC校验的基础上,在一批字符传送之后,另外增加一个称为"方块校验字符"的检验字符,方块校验字符的编码方式是使所传输字符代码的每一纵向位代码中的"1"的个数成为奇数(或偶数)。

表 3-4 列举了方块校验的工作方式，本例欲传送 6 个字符代码及其奇偶校验位和方块校验字符如下，其中均采用奇校验：

表 3-4　LRC 的工作方式

字符	字符代码	奇偶校验位
字符 1	1001100	0
字符 2	1000010	1
字符 3	1010010	0
字符 4	1001000	1
字符 5	1010000	1
字符 6	1000001	1
方块校验字符（LRC）	1111010	0

采用这种校验方法，如果有二进位传输出错，不仅能从一行中的 VRC 校验中反映出来，同时也能在纵列 LRC 校验中得到反映，有较强的检错能力。不但能发现所有一位、二位或三位的错误，而且可以自动纠正差错，使误码率降低 2~4 个数量级，广泛用于通信和某些计算机外部设备中。

（5）循环冗余校验（CRC）

这是一种较为复杂的校验方法，它不产生奇偶校验码，而是将整个数据块当成一个连续的二进制数据。从代数的角度可看作是一个报文码多项式。在发送时将报文码多项式用另一个多项式来除，这后一个多项式叫作生成多项式，国际电报电话咨询委员会推荐的生成多项式（CRC-CCITT）为：

$$G(X)=X^{16}+X^{12}+X^5+1 \qquad 公式3-4$$

在报文发送时，将相除结果的余数作为校验码附在报文之后发送出去（校验位有 16位）。接收时先对传送过来的码字用同一个生成多项式去除，若能除尽，即余数为 0，说明传输正确；若除不尽说明传输有差错，可要求发送方重新发送一次。采 CRC 校验能查出所有的单位错和双位错、所有具有奇数位的差错和所有长度小于 16 位的突发错误，能查出 99% 以上 17 位、18 位或更长位的突发性错误。其误码率比方块码还可降低 1~3 个数量级，故得到了广泛应用。

CRC 的工作过程如下：

1）发送方数据的编程

将要发送的二进制数据比特序列当作一个多项式 $F(x)=b_0x^r+b_0x^{r-1}+\cdots+b_{r-1}x^1+b_rx^0$ 的系数。其中，b_0，b_1，$\cdots$，b_{r-1}，b_r 依次与二进制序列的该项取值"0"和"1"相对应，最高指数为 r。

2）选择一个标准的生成多项式

$$G(x)=a_0x^k+a_1x^{k-1}+\cdots+a_{k-1}x^1+a_kx^0 \qquad 公式3-5$$

其中，a_0，a_1，$\cdots$，a_{k-1}，a_k 依次与二进制序列的该项取值"0"和"1"相对应，最高

指数为 k。

3）最高指数要求

对于 $F(x)$ 和 $G(x)$ 最高指数的要求是 $0 < k < r$。

4）计算 $x^k \cdot F(x)$

在由 $F(x)$ 系数 b_0，b_1，…，b_{r-1}，b_r 组成的二进制序列后边补"k"和"0"。

5）$x^k \cdot F(x)$ 与 $G(x)$ 做模 2 除法

在 4）中生成的二进制序列与 $G(x)$ 系数 a_0，a_1，…，a_{k-1}，a_k 组成的二进制序列之间做模 2 除法，求出余数多项式 $R(x)$。

6）形成发送数据的比特序列

由 $F(x)$ 和 $G(x)$ 的二进制系数组成发送数据的比特序列，并通过通信信道发送至接收方，即将上述余数多项式加到数据多项式 $F(x)$ 之后发送到接收端。

7）CRC 校验码的验证

接收端使用收发双方预先约定好的，同样的生成多项式 $G(x)$，去接收到的比特序列，若能被其整除则表示传输无误；反之表示传输有误，通知发送端重发数据，直至传输正确为止。

下面使用一个具体的例子来说明 CRC 校验码应用。

例题：试通过计算求出 CRC 校验码，并写出传输的比特序列。

条件：

① CRC 校验的生成多项式为：

$G(x)=x^4+x+1$；相应的比特序列为 10011，$k=4$。

② 要发送的二进制信息多项式为：

$F(x)=x^4+x^2+1$（比特序列为 10110）。

解：根据上述步骤进行模 2 除法，如图 3-11 所示

$x^k \cdot F(x)$ 的系数为：10110 0000，(k=4)

余数多项式 $R(x)$ 的系数：1111，(k=4)

```
                       10101
            10011) 101100000
                   10011
                   ─────
                    10100
                    10011
                    ─────
                     11100
                     10011
                     ─────
                      1111
```

图 3-11 CRC 校验码的计算

形成发送数据的比特序列，经通信信道实际传输的比特序列为：101101111，它由以下

两部分组成，如表3-5所示。

表3-5　比特序列

要发送的二进制信息	CRC 校验码
10110	1111

接收验证：假定收到的数据为：101101111，其验证计算如图3-12所示。

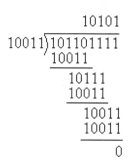

图3-12　CRC校验码的接收验证计算

验证结果为："0"，表示传输正确；反之表示传输有误。

注意：如果求出的余数不足 k 位，应在该值之前补 0 到 k 位。例如当 $k=5$ 时，如果计算出的 $R(x)$ 的系数为，"110"则 CRC 校验码为："00110"。

CRC 选用的生成多项式 $G(x)$ 由协议规定，目前已有多种生成多项式被列入国际标准。在实际网络应用中，CRC 校验码的生成与校验过程可以用硬件或软件的方法实现。

CRC 码检错能力强，容易实现，是目前应用得较为广泛的检错码编码方法之一。这种方法的误码率比方块码还要低 1~3 个数量级，根据有关实验资料表明，当使用CRC-16（16位余数）时，如果采用 9600 b/s 的速率传输，数据传输每 3000 年才会有一个差错查不出来，因此在当前的计算机网络应用中，CRC 校验法得到了广泛的采用。

第4章 局域网技术

局域网是将较小地理区域内的各种数据通信设备连接在一起的计算机网络，覆盖范围常常是一个建筑物或一个园区。局域网通常用来将单位办公室中的个人计算机和工作站连接起来，以便共享资源和交换信息，它是专有网络。局域网主要由网络硬件和网络软件组成。

本章基本要求：掌握局域网的基本概念；掌握以太网技术、交换型以太网、虚拟局域网、环网的工作过程；了解无线局域网的应用情况。

4.1 局域网概述

4.1.1 局域网的基本概念

局域网技术是当前计算机网络研究与应用的一个热点问题，也是目前发展较快的领域之一。近20年来，随着计算机硬件技术水平的不断发展，计算机硬件的成本发生了戏剧性的连续下降。目前微机在速度、指令集和存储能力方面，与前几年功能最强的小计算机不相上下。这种趋势使许多机构在收集、处理和使用信息的方法上产生了许多变化。微机技术及其使用的迅猛发展，使得小型分散的微机系统比集中的分时系统更便于用户使用、维护和访问资源，用户可以从中获得更大的收益。

在早期，人们将局域网归为一种数据通信网络。随着局域网体系结构和协议标准研究的不断深入、操作系统的持续发展，再加上光纤通信技术的引入，以及高速局域网技术的快速发展，局域网的技术特征与性能参数发生了很大的变化，局域网的定义、分类与应用领域也已经发生了很大的变化。

目前，传输速率为 10 Mbps 的以太网（Ethernet）已得到广泛应用，传输速率为 100 Mbps、1 Gbps 的高速以太网已进入实际应用阶段。由于速率 10 Gbps 以太网的物理层使用的是光纤通道技术，因此它有两种不同的物理层。10 Gbps 以太网的出现，使以太网工作的范围从以校园网、企业网为主的局域网，扩大到了城域网和广域网。

大量的微机系统被应用于学校、办公楼、工厂及企业等场合，这些系统互联起来，使系统之间交换数据和共享昂贵的资源得以实现。

实现互联的一个强有力的理由是交换数据（即实现软件资源的共享）。系统的各个用户不是孤立地工作的，他们希望保持由过去集中系统提供的某些好处。其中包括与其他用户交换报文、共同访问公共文件和数据资源。

实现互联的第二个理由是设备共享（即实现硬件资源的共享），虽然硬件的成本已经下降，但重要的机电设备，如大容量存储器和高性能激光打印机的成本仍然偏高。

总之，局域网就是一种在小区域范围内对各种数据通信设备提供互联的一种通信网，如图 4-1 所示。

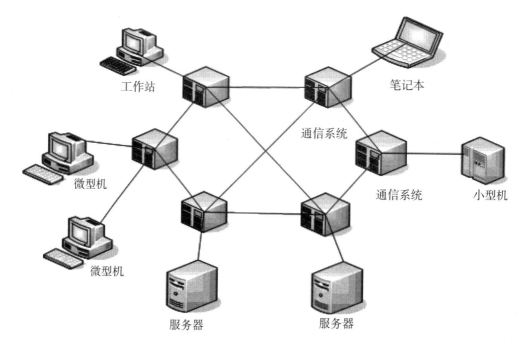

图 4-1　局域网示意图

与广域网（WAN）相比，局域网具有以下特点：

① 较小的地域范围，仅用于办公室、机关、工厂及学校等内部联网，其范围虽没有严格的定义，但一般认为与服务器的距离为 0.1~25 km。而广域网的分布是一个地区、一个国家乃至全球范围。

② 传输速率和低误码率。局域网传输速率一般为 10~1000 Mbps, 万兆位局域网也已推出。而其误码率一般在 0.1-8~10-11 之间。

③ 局域网一般为一个单位所建，在单位或部门内部控制管理和使用，而广域网往往是面向一个行业或为全社会服务。局域网一般采用同轴电缆、双绞线等建立单位内部专用线，而广域网则较多地租用公用线路或专用线路，如公用电话线、光纤及卫星等。

局域网的主要功能与计算机网络的基本功能类似，但是局域网最主要的功能是实现资源共享和相互的通信交往。局域网通常可以提供以下主要功能：

① 资源共享

软件资源共享。为了避免软件的重复投资和重复劳动，用户可以共享网络上的系统软件和应用软件，如图 4-2 所示。

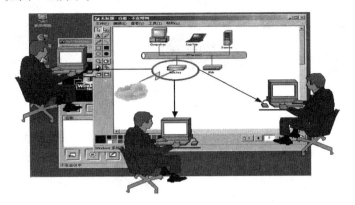

图 4-2　多个用户利用 NetMeeting（网上会议）应用程序的共享白板讨论问题

硬件资源共享。在局域网上，为了减少或避免重复投资，通常将激光打印机、绘图仪、大型存储器及扫描仪等贵重的或较少使用的硬件设备共享给其他用户，如图 4-3 所示。

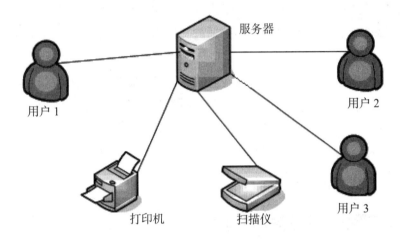

图 4-3　多用户共享打印机示意图

数据资源共享。为了便于处理、分析和共享分布在网络上各计算机用户的数据，一般可以建立分布式数据库，同时网络用户也可以共享网络内的大型数据库，如图 4-4 所示。

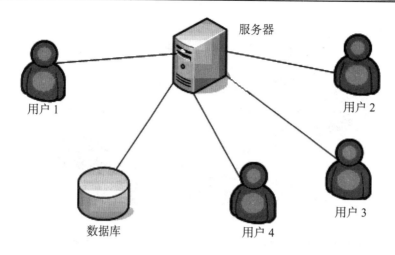

图 4-4　多用户共享数据库示意图

② 信息传输（即通信）

数据及文件的传输。局域网所具有的最主要功能就是数据和文件的传输，它是实现办公自动化的主要途径。通常不仅可以传递普通的文件信息，还可以传递语音、图像等多媒体信息。

电子邮件。局域网邮局可以提供局域网内的电子邮件服务，它使得无纸办公成为可能。网上的各个用户可以接收、转发和处理来自单位内部和广域网中的电子邮件，还可以使用网络邮局收发传真。

视频会议。使用网络可以召开在线视频会议，所有的参会者都可以通过网络面对面地参加会议，并开展讨论，从而节约人力物力。

4.1.2 局域网的体系结构与寻址

（1）局域网的体系结构

局域网络出现不久，其产品的数量和品种就迅速增多。为了使不同厂商生产的网络设备之间具有兼容性、互换性和互操作性，以便让用户更灵活地进行设备选型，国际标准化组织开展了局域网的标准化工作。美国电气与电子工程师协会（IEEE）于 1980 年 2 月成立了局域网络标准化委员会（简称 IEEE802 委员会），专门进行局域网标准的制订。经过多年的努力，IEEE802 委员会公布了一系列标准，称为 IEEE802 标准。IEEE802 系列标准之间的关系，如图 4-5 所示。

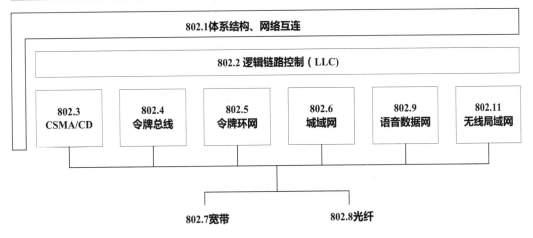

图 4-5 IEEE802 系列标准之间的关系

这里讨论的局域网参考模型是以 IEEE802 标准的工作文件为基础的，采用了 OSI 参考模型来分析局域网正常运行需要什么层次这一问题。在这里指出局域网存在的两个重要的特性。第一，它用带地址的帧来传送数据。第二，不存在中间交换，所以不要求路由选择。这两个特性基本上确定了局域网需要 OSI 中的哪些层。当然，层 1，即物理连接是需要的；层 2 也是需要的，通过局域网传送的数据必须组装成帧，并进行一定的控制；层 3 完成路由选择，但在任何两点直接的链路可用时，就不需要这一功能。其他功能，包括寻址、排序、流量控制、差错控制等，也可由层 2 来完成。其区别在于层 2 是通过单个链路来完成这些功能的，而层 3 可能需要通过一串链路来完成这些功能，这些链路是跨越网络所要求的。但当跨局域网只需要一条链路时，层 3 的功能也是多余的。

IEEE802 标准所描述的局域网参考模型与 OSI 参考模型关系。局域网参考模型只对应 OSI 参考模型的数据链路层与物理层，它将数据链路层划分为两个子层：媒体访问控制（MAC）子层与逻辑链路控制（LLC）子层。

① 物理层

物理层涉及通信在信道上传输的原始比特流，它主要作用是确保二进制位信号的正确传输，包括二进制比特流的正确传送与正确接收。这就是说物理层必须保证在双方通信时，一方发送二进制"1"，另一方接收的也是"1"，而不是"0"。

② MAC 子层

媒体访问控制（MAC）子层是数据链路层的一个功能子层。MAC 子层构成了数据链路层的下半部，它直接与物理层相邻。MAC 子层主要制定管理和分配信道的协议规范，换句话说，就是用来决定广播信道分配的协议属于 MAC 子层。MAC 子层是与传输媒体有关的一个数据链路层的功能子层。它的主要功能是在发送数据时，进行冲突检测，实现帧的组装与拆卸。它在支持 LLC 子层中，完成媒体访问控制的功能，为竞争的用户分配信道使用权。MAC 子层为不同的物理媒体定义了媒体访问控制标准。目前，IEEE802 已制定的媒体访问控制方法的标准有著名的带冲突检测的载波侦听多路访问（CSMA/CD）、令牌环（Token Ring）和令牌总线（Token Bus）等。媒体访问控制方法决定了局域网的主要性能，它对局域网的响应时间、吞吐量和网络利用率等都有十分重要的影响。

③ LLC 子层

可运行于所有 802 局域网和城域网协议之上的数据链路协议被称为逻辑链路控制（LLC），它也是数据链路层的一个功能子层。它构成了数据链路层的上半部，与网络层和 MAC 子层相邻。LLC 在 MAC 子层的支持下向网络层提供服务。LLC 子层与传输媒体无关，它独立于媒体访问控制方法，隐藏了各种 802 网络之间的差别，向网络层提供一个统一的格式和接口。LLC 子层的作用是在 MAC 子层提供的介子访问控制和物理层提供的比特服务的基础上，将不可靠的信道处理为可靠的信道，确保数据帧的正确传输。LLC 子层的具体功能包括：向上层用户提供了一个或多个服务访问点，管理链路上的通信。同时，LLC 子层具备差错控制和流量控制等功能，并为网络层提供两种类型的服务：面向连接服务和无连接服务。

（2）寻址

为了了解局域网中数据交换的过程，我们必须考虑寻址的具体功能。通信过程涉及三个因素：进程、主机和网络。进程是进行通信的基本实体。以文件传送操作为例，在这种情况下，一个站内的文件传送进程和另外一个站内的文件传送进程交换数据。另一个例子是远程终端访问，这时用户终端被连接到某个站，并且受这个站的终端处理进程控制。通过终端处理进程，用户可以远程地连接某一分时系统，在终端处理和分时系统之间交换数据。进程在主机（计算机）上执行，一台主机往往可以支持多个同时发生的进程。主机通过网络连接起来，将要交换的数据从一个主机传送到另一个主机。从这点看，从一个进程到另一个进程的数据传送过程首先是用户数据加给驻留该进程的主机，然后再送到该进程。

上述概念暗示至少需要两级寻址。为了说明这点，它表示使用 LLC 和 MAC 协议时发送数据的完整格式。用户数据向下传递给 LLC 子层，该 LLC 附加一个标题（LH）。该标题包含用于本地 LLC 实体和远程 LLC 实体之间的协议管理用的控制信息。用户数据和 LLC 标题的组合称作 LLC 的协议数据单元（PDU）。LLC 准备好 PDU 之后，即将它作为数据向下传递给 MAC 实体。MAC 对它再附加上一个标题（MH）和一个尾标（MT）以管理 MAC 协议，结果得到一个 MAC 子层的 PDU。为了避免与 LLC 子层的 PDU 相混淆，我们将此 MAC 子层的 PDU 称作帧，这也是在标准中使用的术语。

MAC 子层标题必须包含一个用来唯一地标识局域网上某个站的目的地址。之所以需要这样，是因为在局域网上的每个站都要读出目的地址字段，以决定它是否捕获了 MAC 子帧，若是，MAC 实体剥除 MAC 标题和尾标，并且将 LLC 子层的 PDU 向上传递给 LLC 实体。LLC 子层标题必须包含 SAP 地址，使 LLC 可以决定该数据需要交付给谁。因此，两级寻址是必要的。

MAC 地址。标识局域网中的具体一个站。

LLC 地址。标识某个站点中的一个 LLC 用户，如图 4-6 所示。

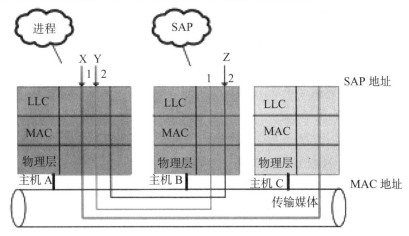

图 4-6　MAC 地址与 LLC 地址的关系

4.2　以太网技术

4.2.1 标准以太网

以太网技术由施乐公司于 1973 年提出并实现，当时的传输速率达到 2.94 Mbps。1980 年，推出了 10 Mbps DIX 以太网标准。1983 年，以太网技术（802.3）、令牌总线（802.4）、令牌环（802.5）共同成为局域网领域的三大标准。在此之后，以太网技术的应用获得了长足的发展，全双工以太网、百兆以太网技术相继出现。1995 年，电气与电子工程师协会（IEEE）正式通过了 802.3u 快速以太网标准，以太网技术实现了第一次飞跃，传输速率的提升反过来极大程度地促进了应用的发展，用户对网络容量的需求也得到了进一步激发。20 世纪 90 年代，以太网得到了前所未有的规模化应用，大部分新建和改造的网络都采用了这一技术，百兆到桌面成为局域网的新潮流，进而又带动了以太网的进一步发展。1998 年，802.3z 千兆以太网标准正式发布。2003 年，IEEE 通过了 802.3ae 标准。

为什么以太网技术能够在当初并列的局域网三大标准中脱颖而出，最终成为局域网的主流技术，并在城域网甚至广域网范围获得进一步应用？因为在以太网规范时期，没有添加任何版权限制，施乐公司甚至放弃了专利和商标权利，就是想让以太网技术能够获得大量应用，进而生产以太网产品。IEEE 组织也成立了专门的研究小组，广泛吸纳科研院所、厂商、个人会员参与研究讨论。这些举动得到了众多服务提供商的支持，使以太网很容易地融入新产品中。再加上以太网结构简单、管理方便、价格低廉，由于没有采用访问优先控制技术，进而简化了访问控制算法，简化了网络的管理难度，并降低了部署的成本，从而获得了广泛应用。

持续的技术改进可以满足用户不断增长的需求。在以太网的发展过程中，技术不断改进，物理介质从粗同轴电缆、细同轴电缆、双绞线到光纤；网络功能从共享以太网、全双工到交换以太网；传输速率从 10 Mbps、100 Mbps、1000 Mbps 到 10 Gbps，极大地满足了用户需求和各种应用场合。

① 以太网的发展历程：

以太网诞生：2.94 Mbps，1973 年。

传统以太网：10 Mbps，1983 年 802.3。

快速以太网：100 Mbps，1995 年 802.3u。

千兆以太网：1 Gbps，1998 年，802.3z，802.3ab。

万兆以太网：10 Gbps，2003 年，802.3ae。

② 以太网能够不断发展的原因：

开放标准，获得众多服务提供商的支持。

结构简单、管理方便、价格低廉。

持续的技术支持，满足用户不断增长的需求。

（1）以太网的标准系列

到目前为止，以太网标准系列已扩展成 10 余个，其中几个主要的标准，见表 4-1。

表 4-1　几个主要以太网的标准

年份	网络	标准	传输媒体
1983 年	10Base-5	802.3	粗同轴电缆
1985 年	10Base-2	802.3a	细同轴电缆
1990 年	10Base-T	802.3i	双绞线
1993 年	10Base-F	802.3j	光纤
1995 年	100Base-T	802.3u	双绞线
1997 年	全双工以太网	802.3x	双绞线、光纤
1998 年	1000Base-X	802.3z	光纤、短距离屏蔽铜缆
1999 年	1000Base-T	802.3ab	双绞线
2003 年	万兆以太网	802.3ae	光纤

自从 1992 年 IEEE802.3 标准确定以后，以拓扑结构为公共总线、使用粗同轴电缆的传统以太网，经过几年的应用后，相关部门在其基础上，制订了一种媒体使用细同轴电缆的以太网标准 IEEE802.3a，其相应的产品在网络市场出现了。后者因组网价格低廉、结构简单和建构方便等特点，在小型局域网的市场上取代了前者。但其电缆分段连接引起的不

可靠性是一个致命的弱点，再加上公共总线使用光纤来代替同轴电缆比较困难，这些因素共同导致了 IEEE802.3i 以及继后的 IEEE802.3j 两个标准的制订，其相对应的产品分别为 10Base-T 和 10 Base-F。

基于星型结构使用双绞线和光纤的 10Base-T 和 10 Base-F 是现代以太网技术发展的基础。从此以后，在短短的几年中，快速以太网、全双工以太网以及千兆位以太网的标准陆续制订，相对应的产品目前已在网络市场上广为流行。

（2）四种常见的 10Base 以太网

下面介绍 10Base-5、10Base-2、10Base-T 和 10Base-F 等 4 种常见的以太网网络。

1）粗缆 Ethernet(10Base-5)

10Base-5 是总线型粗同轴电缆以太网（或称标准以太网）的简略标识符。它是基于粗同轴电缆介质的原始以太网系统。目前由于 10Base-T 技术的广泛应用，在新建的局域网中，10Base-5 很少被采用，但有时 10Base-5 还会用作连接集线器（hub）的主干网段。

粗缆 Ethernet 又称标准的 Ethernet，因为这是最初实现的一种。如图 4-7 所示，即为一个粗电缆 Ethernet 布线方案。粗缆 Ethernet 干线上的每个站点使用一个收发器和电缆连接。该收发器与那些用于细缆 Ethernet 的 BNC 连接器不同，它是一个提供工作站与粗缆电气隔离的小盒子。在收发器中使用了一种"心跳（Heart-Beat）"测试的技术以决定该工作站是否连接适当。

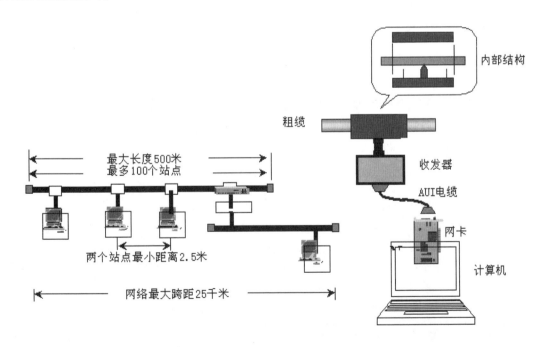

图 4-7 10Base-5 网络的组成

10Base-5 网络所使用的硬件有：

① 带有 AUI 插座的以太网卡。它插在计算机的扩展槽中，使该计算机成为网络的一

个结点，以便连接网络。

② 50Ω 粗同轴电缆。这是 10Base-5 网络定义的传输介质，可靠性好，抗干扰能力强。

③ 外部收发器。两端连接粗同轴电缆，中间经 AUI 接口由收发器电缆连接，网卡负责数据的发送 / 接收以及冲突检测。

④ 收发器电缆。两头带有 AUI 接头，用于外部收发器与网卡之间的连接。

⑤ 50Ω 终端适配器。电缆两端各接一个终端适配器，用于阻止电缆上的信号散射。

10Base-5 这种表示方法的具体含义如下：

10 表示信号在电缆上的数据传输速率为 10 Mbps。

Base 表示电缆上传输的信号是基带信号。

5 表示每一段媒体的最大长度为 500 m。

为什么同轴电缆的长度受限制呢？这是因为信号沿总线传播时会有衰减，若总线太长，则信号送达时会衰减得很弱，以致影响载波监听和冲突检测的正常工作。因此，以太网所用的这种同轴电缆的最大长度被限制为 500 m。若实际网络需要跨越更长的距离，就必须采用中继器将信号放大、整形后再转发出去。

2）细缆 Ethernet(10Base-2)

10Base-2 是总线型细缆以太网的简略标识符。细缆指细同轴电缆，是以太网支持的第二类传输介质。10Base-2 使用 50Ω 细同轴电缆组成总线型网络。细同轴电缆系统不需要外部收发器和收发器电缆，减少了网络开销，素有"廉价网"的美称，这也是它曾被广泛应用的原因之一。目前大部分新建局域网都使用 10Base-2 技术，安装细同轴电缆的已不多见，但是一个计算机比较集中的计算机网络实验室，为了便于安装、节省投资，仍可采用这种技术。

细缆 Ethernet 的电缆在物理上较粗缆 Ethernet 的电缆容易处理，它不需要站点使用收发器。它的电缆便宜，但干线段的长度不如粗缆 Ethernet 那么长。图 4-8 展示的就是一个细缆 Ethernet 网络。

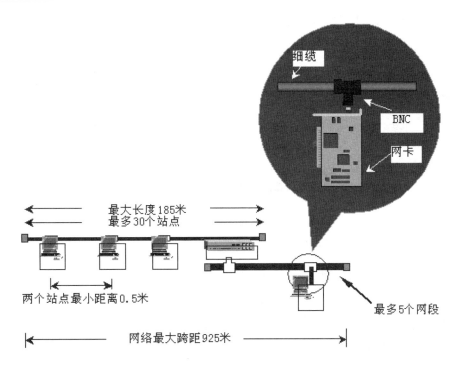

图 4-8   10Base-2 网络的组成

10Base-2 网络所使用的硬件有：

① 带有 BNC 插座的以太网卡（使用网卡内部收发器）。它插在计算机的扩展插槽中，使该计算机成为网络的一个结点，以便连接入网。

② 50Ω 细同轴电缆。这是 10Base-2 网络定义的传输介质，可靠性稍差。

③ BNC 连接器。用于细同轴电缆与 T 型连接器的连接。

④ 50Ω 终端适配器。电缆两端各接一个终端区配器，用于阻止电缆上的信号散射。

3）双绞线 Ethernet(10Base-T)

IEEE10 Mbps 基带双绞线的标准称为 10Base-T。该标准提供了 Ethernet 的优越性，且无须使用昂贵的同轴电缆。此外，许多厂商都遵循该标准或将产品与该标准兼容。

1990 年，IEEE802 标准化委员会公布了 10 Mbps 双绞线以太网标准 10Base-T。该标准规定在无屏蔽双绞线连接到一个中心设备 HUB（集线器）上，构成星状拓扑结构。10Base-T 双绞线以太网系统操作具有技术简单、人格低廉、可靠性高、易实现综合布线和易于管理、维护、易升级等优点。正因为它比 10Base-5 和 10Base-2 技术有更大的优越性，所以 10Base-T 技术一经问世，就成为连接桌面系统最流行、应用最广泛的局域网技术。

与采用同轴电缆的以太网相比，10Base-T 网络更适合在已铺设布线系统的办公大楼环境中使用。因为在典型的办公大楼中，95％以上的办公室与配电室的距离不超过100m。同时，10Base-T 采用的是与电话交换系统相一致的星状结构，很容易实现网络线与电话线的综合布线。这就使得 10Base-T 网络的安装和维护简单易行，且费用低廉。此外，

10Base-T 采用了 RJ-45 连接器，使网络连接比较可靠。

10Base-T 网络所使用的硬件如图 4-9 所示。

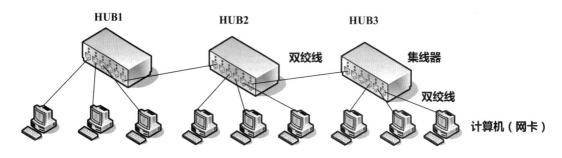

图 4-9　10Base-T 以太网系统结构

①带有 RJ-45 插座的以太网卡。它插在计算机的扩展槽中，使该计算机成为网络的一个结点，以便连接入网。

②3 类以上的 UTP 电缆（双绞线）。这是 10Base-T 网络定义的传输介质。

③RS-45 连接器。电缆两端各接一个 RJ-45 连接器，一端连接网卡，另一端连接集线器。

④ 10Base-T 集线器。它是 10Base-T 网络技术的核心。集线器是一个具有中继器特性的有源多口转发器，其功能是接收从某一端口发送来的信号，将其重新整形再转发给其他端口。集线器有 8 口、12 口、16 口和 24 口等多种类型。有些集线器除了提供多个 RJ-45 端口外，还提供 BNC 和 AUI 插座，支持 UTP、细同轴电缆和粗同轴电缆的混合连接。

网卡与集线器、集线器之间通过 RJ-45 连接器连接双绞线，RJ-45 接线示意图如图 4-10 所示。

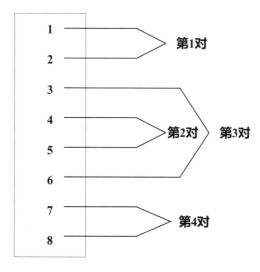

图 4-10　RJ-45 连接示意图

一个 RJ-45 连接器最多可连接四对双绞线，1、2、3、6、4、5、7、8 分别连接一根双绞线。在 10Base-T 上仅用了两根双绞线，即 1、2 及 3、6。网卡与集线器双绞线连接如图

4-11(a)所示,集线器之间的双绞线连接如图4-11(b)所示。在网卡上1、2双绞线作为发送用,3、6双绞线作为接收用,而集线器却与之相反。因而集线器之间连接可采用以下两种办法,即双绞线电缆两端RJ-45交叉连接或集线器中用开关控制。

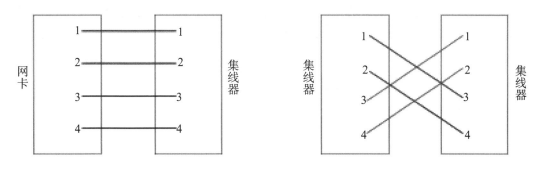

(a) 网卡与集线器双绞线连接   (b) 集线器之间连接

图 4-11　双绞线连接示意图

对于10Base-T整个以太网系统,集线器与网卡之间、集线器与集线器之间的最长距离均为100 m,集线器数量最多为4个,即任意两站点之间的距离不会超过500 m。

不屏蔽双绞线的特点是不仅价格低廉,安装方便,且具有一定抗外界电磁场干扰的作用,如图4-12所示。

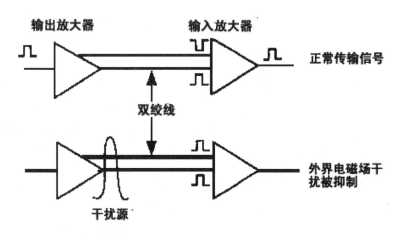

图 4-12　双绞线抗外界电磁场干扰

正常情况下,当发送放大器有输入信号时,放大器在输出双绞线对上分别产生极性相反且幅度相等的差分信号。而对于接收放大器,只有差分信号作为输入信号时,放大器才会有输出信号。当外界有电磁场干扰时,则在线对上会产生同极性且幅度相等的信号,这种信号作为接收放大器的输入信号时,被接收放大器抑制而不产生输出信号。这就是双绞线具有抗外界电磁场干扰的简单机理,而单股铜线就不具备这种抗干扰的特点,需要外皮屏蔽接地形成同轴电缆,才有抗外界电磁场干扰的能力。综上所述,10Base-T以太网系统的特点如下:

星型（或树型）拓扑结构，采用集线器（中继器）作为星型结构核心。

介质采用不屏蔽双绞线，发送与接收通道物理上分开，即各占一根双绞线。

网络站点通过网卡直接连接集线器。

集线器之间的连接方式有两种。一是干线方式，可以在同一个层次上作为中继器延伸网络跨距，如图 4-13(a) 所示，四个集线器组成系统的干线；另一是层次方式，可以组成一个层次结构的网络，如图 4-13(b) 所示，一个主集线器连接若干个分支集线器，每个分支集线器还可往下连接更下层的分支集线器，以此类推。但不论哪一种方式，任意两个站点之间的跨距不能超过 500 m。

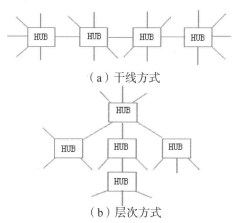

（a）干线方式

（b）层次方式

图 4-13　集成线的连接方式

10Base-T 网络在组网过程中要遵守 10Base-T 的 5-4-3 原则。10Base-T（星型网络）的 5-4-3 规则是指任意两台电脑间最多不能超过 5 段线（既包括集线器到集线器的连接线缆，也包括集线器到电脑间的连接线缆）、4 台集线器，并且只能有 3 台集线器直接与电脑等网络设备连接。如图 4-14 所示，即为 10Base-T 网络所允许的最大拓扑结构及所能级联的集线器层数。其中，位居中间的集线器是网络中唯一不能与电脑直接连接的集线器。5-4-3 规则的采用与网络所允许的最大延迟有关。

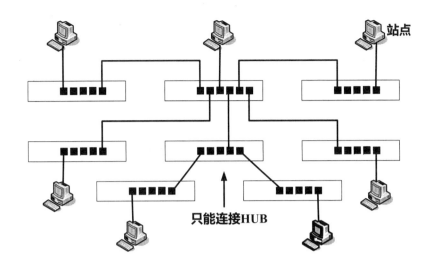

图 4-14　10Base-T 5-4-3 原则的最大情况

电脑发送数据后，如果在一定的时间内没有得到回应，那么将认为是数据发送失败，从而不断地重复发送，但对方却永远无法收到。数据在网络中的传输延迟，一方面受网线长度的影响，另一方面也受集线设备的影响。因此，双绞线网络不仅对电缆的传输距离有限制，也限制了集线器的数量。

4）光纤 Ethernet(10Base-F)

10Base-F 是 10 Mbps 光纤以太网，它使用多模光纤传输介质，在介质上传输的是光信号，而不是电信号。因此，10Base-F 具有传输距离长、安全可靠、可避免电击等优点。由于光纤适宜连接相距较远的站点，所以 10Base-F 常用于建筑物间的连接，它能够构建园区主干网，并能实现工作组级局域网与主干网的连接。因为光信号传输的特点是单方向的，适合用于端到端式的通信，因此 10Base-F 以太网呈星状或放射状结构。

光纤的一端与光收发器连接，另一端与网卡连接。根据网卡的不同。光纤与网卡有两种连接方法：一种是把光纤直接通过 ST 或 SC 接头连接到可处理光信号的网卡（此类网卡是把光纤收发器内置于网卡中）上；另一种是通过外置光收发器连接，即光纤外收光器一端通过 AUI 接口连接电信号网卡，另一端通过 ST 或 SC 接头与光纤连接。采用光、电转换设备也可将粗、细电缆网段与光缆组合在一个网中。

10Base-F 以太网的系统特点：

① 使用光纤进行长距离连接，如建筑物间连接。

② 星形拓扑结构。

③最常见的布线标准：10Base-FL 异步点到点链路，链路最长 2 km。

（3）四种常见的 10Base 以太网的比较

表 4-2　四种 10 Mbps 以太网物理性能的比较

网络	10Base-5	10Base-2	10Base-T	10Base-F
网段最大长度	500 m	185 m	100 m	2000 m
站点间最小距离	2.5 m	0.5 m	无	无
网段的最多结点数	100	30	无	无
拓扑结构	总线型	总线型	星型	星型
传输介质	粗同轴电缆	细同轴电缆	3 类 UTP	多模光纤
连接器	AUI	BNC-T	RJ-45	ST 或 SC
最多网段数	5	5	5	3

4.2.2 快速以太网

（1）概述

数据传输速率为 100 Mbps 的快速以太网是一种高速局域网技术，能够为桌面用户以及服务器或者服务器集群等提供更高的网络带宽。快速以太网是在 10Base-T 和 10Base-FL 技术上的基础发展起来的输速率具有 100 Mbps 的以太网，快速以太网家族中应用最广泛的是 100Base-TX 和 100Base-FX，它们的拓扑结构与 10Base-T 和 10Base-FL 完全一样，快速以太网的介质和介质布局向下兼容 10Base-T 或 10Base-FL。差别就在于传输速率相差 10 倍，至于帧结构和介质访问控制方式完全按照 IEEE802.3 的基本标准。快速以太网技术与产品推出后，迅速获得广泛应用。它既有共享型集线器组成的共享型快速以太网系统，又有交换器构成的交换型快速以太网系统。在使用光缆作为介质的环境中，又充分发挥了全双工以太网技术的优势。10/100 Mbps 自适应的特点保证了 10 Mbps 系统平滑地过渡到 100 Mbps 以太网系统。

电子电气工程师协会（IEEE）专门成立了快速以太网研究组，评估以太网传输速率提升到 100 Mbps 的可行性。该研究组织为快速以太网的发展确立了重要目标，100Base-T 是 IEEE 正式接受的 100 Mbps 以太网规范，采用非屏蔽双绞线（UTP）或屏蔽双绞线（STP）作为网络介质，媒体访问控制（MAC）层与 IEEE 802.3 协议所规定的 MAC 层兼容，被 IEEE 作为 802.3 规范的补充标准 802.3u 公布。

快速以太网是基于 10Base-T 和 10Base-F 技术发展的传输率达到 100 Mbps 的局域网。从 OSI 层次来看，与 10 Mbps 以太网一样仍是占有数据链路层和物理层，如图 4-15 所示。从 IEEE802 标准来看，它具有 MAC 子层和物理层 (包括物理媒体) 的功能。1995 年正式作为 IEEE802.3 标准的补充，即 IEEE802.3u 标准而公布于世。

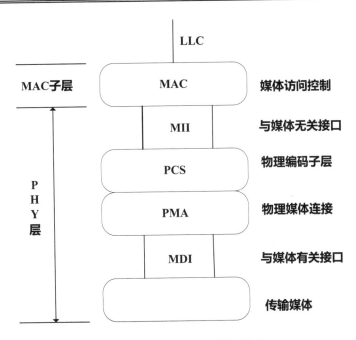

图 4-15　快速以太网体系结构

在统一的 MAC 子层下面，有四种 100 Mbps 以太网的物理层，每种物理层连接不同的媒体来满足不同的布线环境。同样，四种不同的物理层中也可以再分成编码 / 译码和收发器两个功能模块。显然，四种编码 / 译码功能模块不全相同，收发器的功能也不完全一样。

可以理解，100Base-TX 是继承了 10Base-T5 类不屏蔽双绞线的环境，在布线不变的情况下，把 10Base-T 设备更换成 100Base-TX 的设备即可形成一个 100 Mbps 以太网系统；同样 100Base-TX 是继承了 10Base-FL 的多模光纤的布线环境而直接可以升级成 100 Mbps 光纤以太网系统；对于较旧的一些只采用 3 类不屏蔽双绞线的布线环境，则可采用 100Base-T4 和 100Base-T2 来适应。目前，100B100Base-TX 与 100B100Base-FX 使用得最多，特别对我国来说，20 世纪 90 年代以来建设的布线系统中，一般传输网络信息不采用 3 类双绞线，几乎都选用 5 类双绞线或（和）光纤。

（2）快速以太网发展过程

1993 年 10 月以前，对于要求 10 Mbps 以上数据流量的 LAN 应用，只有光纤分布式数据接口（FDDI）可供选择，它是一种价格非常昂贵的、基于 100 Mbps 光缆的 LAN。

1993 年 10 月，出现了世界上第一台快速以太网集线器。与此同时，EEE 802 工程组也对 100 Mbps 以太网的各种标准进行了研究。1995 年 3 月 IEEE 宣布了 IEEE 802.3u 规范，开始了快速以太网的时代。

1）100 M 以太网和其他高速以太网技术的比较

① FDDI 和 CDDI（铜质分布型数据接口）。

②FDDI 技术同 IBM 的 Token Ring 技术相似，并具有 LAN 和 Token Ring 所缺乏的管理、控制和可靠性措施，FDDI 支持长达 2 km 的多模光纤。FDDI/CDDI 的主要缺点是价格同

快速以太网相比过于昂贵、只支持光缆和 5 类电缆。使用环境受到限制，从 Ethernet 升级面临大量移植问题。

2）以太网存在的不足

快速以太网是基于载波侦听多路访问和冲突检测（CSMA/CD）技术研发的，当网络负载较重时，会造成效率的降低，可以使用交换技术来弥补。

3）快速以太网的分类

① 100Base-T2

可使用两对音频或者数据 3、4、5 类 UTP 电缆。一对用于发送数据，一对用户接收数据，可以实现全双工操作；符合 EIA586 结构化布线标准；使用 10Base-T 相同的 RJ-45 连接器；它的最大网段长度为 100 m。

② 100Base-T4

一种可使用 3、4、5 类非屏蔽双绞线或屏蔽双绞线的快速以太网技术，它使用四对双绞线，三对用于传送数据，一对用于检测冲突信号。在传输中使用 8B/6T 编码方式，信号频率为 25 MHz，符合 EIA586 结构化布线标准。使用同 10Base-T 相同的 RJ-45 连接器。它的最大网段长度为 100 米。

③ 100Base-TX

一种用 5 类数据非屏蔽双绞线的快速以太网技术，它使用两对双绞线，一对用于发送，一对用于接收数据。在传输中使用 4B/5B 编码方式，信号频率为 125 MHz。符合 EIA586 的 5 类布线标准和 IBM 的 STP Ⅰ 类布线标准。使用同 10Base-T 相同的 RJ-45 连接器。它的最大网段长度为 100 m，支持全双工的数据传输。

④ 100Base-FX

一种使用光缆的快速以太网技术，可使用单模光纤和多模光纤（62.5 um 和 125 um）。在传输中使用 4B/5B 编号方式，信号频率为 125 MHz。它使用 MIC/FDDI 连接器、ST 连接器、SC 连接器。它最大网段长度为 150 m、412 m、2000 m 或更长至 10 000 m，具体网段长度与所使用的光纤类型和工作模式有关。100Base-FX 支持全双工的数据传输，特别适合用于有电气干扰的环境、较大距离连接或保密环境等情况下的使用。

4）100Base-T 的硬件组成

① 网络介质

网络介质用于计算机之间的信号传递。100Base-T 主要采用四种不同类型的网络介质，分别是 100Base-TX、100Base-FX、100Base-T2 和 100Base-T4。

② 媒体相关接口（MDI）

MDI 是一种位于传输媒体和物理层设备之间的机械和电气接口。

③ 媒体独立接口（MII）

使用 100 Mbps 外部收发器，MII 可以把快速以太网设备与任何一种网络介质连接在一起。MII 是一种 40 针接口，连接电缆的最大长度为 0.5 m。

④ 物理层设备（PHY）

PHY 提供 10 Mbps 或 100 Mbps 操作，可以是一组集成电路，也可以作为外部独立设备使用，通过 MII 电缆与网络设备上的 MII 端口连接。

在统一的 IEEE 802.3 MAC 层下面有四种不同的物理媒体，可以分别用来满足不同的布线环境。其中，100Base-TX 继承了 10Base-T 的布线系统，在布线不变的情况下，把 10Base-T 设备更换成 100Base-TX 设备就可以直接升级为快速以太网系统。同样，100Base-FX 继承了 10Base-FL 的多模光纤系统，也可以直接升级到 100 Mbps；对于一些较早的采用 3 类 UTP 的以太网系统，可以采用 100Base-T4 进行升级。

（3）自动协商功能

由于快速以太网技术、产品和应用的急剧发展，在使用 UTP 媒体的环境中，网卡和集线器的端口 RJ-45 上可能支持全双工模式。因此，当 2 个设备端口间进行连接时，为了达到逻辑上的互通，可以人工进行工作模式的配置。但在新一代产品中，引入了端口间自动协商的功能，当端口间进行自动协商后，就可以获得一致的工作模式。

为此，对于设备所支持的工作模式必须进行自动协商的优先级排队，优先级从高到低的顺序为 100Base-T2、100Base-T4、100Base-TX 和 10Base-T。2 个支持自动协商功能的设备，其端口间在 UTP 连妥并进行加电后，就先在端口间进行自动协商，协商的结果使两者获得共同的最佳工作模式。例如，如果双方都具有 10Base-T 和 100Base-TX 工作模式，则自动协商后，按共同的高优先级工作模式进行自动配置，最后端口间确定按 100Base-TX 工作模式进行工作。

在 IEEE802.3 标准中，详细说明了自动协商的功能。除 100Base-T2 工作模式外，其他工作模式的自动协商功能均作为可选的功能，而 100Base-T2 则要求必须具有自动协商功能。当设备加电启动后，就立即进行自动协商。端口间在进行自动协商时，需要先在连接的链路上发送快速链路脉冲（FLP）信号。FLP 信号中包含设备工作模式的信息，支持自动协商端口的双方设备利用 FLP 所携带的信息实现自动协商，并自动配置成共同的最佳工作模式，即按照共同的优先级最高的工作模式来配置。

一旦完成了自动协商，确定了共同的工作模式，FLP 就不再出现，端口之间链路进入正常工作状态。若设备重新启动或者工作时链路媒体断开后重新连上，则自动协商功能再次启动，FLP 再次出现直至重新正常工作。

（4）快速以太网（100Base-TX/FX）与 10Base-T/FL 组网性能的比较

快速以太网标准 IEEE802.3u 是从 802.3（特别是 802.3i/g）标准发展而来的，它继承了 10Base-T 和 10Base-FL 技术，并进一步发展。两者在 MAC 子层和 PHY 层的性能上有相同之处，也有明显的区分。

从两者在 PHY 层（物理层）上的比较来看，除传输率相差 10 倍外，传输媒体的选择在快速以太网 10Base-TX 环境中只能是 5 类 UTP，但增加了 150Ω 特性阻抗的 STP；在

100Base-FX 环境中增加 SMF 作为媒体。在 PHY 层中，另一明显差别在于编码技术，快速以太网采用的代码和编码技术与 FDDI 标准相同。即采用了 4B/5B 代码表示和 NRZ-I 编码技术，在媒体上以时钟为 125 M 的信号波特率来获得 100 Mbps 的代码传输率。NRZ-I 编码技术与曼特斯特编码完全不同，它以信号跳变表示"1"、不跳变（即高或低电平）表示"0"来编码 4B/5B 代码。

从两者在 MAC 子层（数据链路层）上比较来看，由于帧结构完全相同，其最大帧和最小帧长度也完全相等（分别为 1516 B 和 64 B）。两者传输率相差 10 倍后，每一位的时间宽度也相差 10 倍，100BASE-TX/FX 为 0.01 μs，而 100BASE-TX/FL 为 0.1 μs。

（5）快速以太网典型组网方案

如图 4-16 所示，是在一个四层建筑中配置各种 100 Mbps 以太网设备的解决方案。在 1、4 层上配置了 100 Mbps 以太网交换器，在 2、3 层上配置了 100 Mbps 以太网共享型集线器。各个楼层中连接各个站点均用 5 类 UTP，各个站点上均安装了 100 Mbps 以太网网卡或 100 Mbps 以太网接口，层间的连线均用多模光缆，光缆均由各层的配线间连到 1 层设备间中去。设备间通过多模光缆与园区内其他大楼的 100 Mbps 以太网交换器连接。

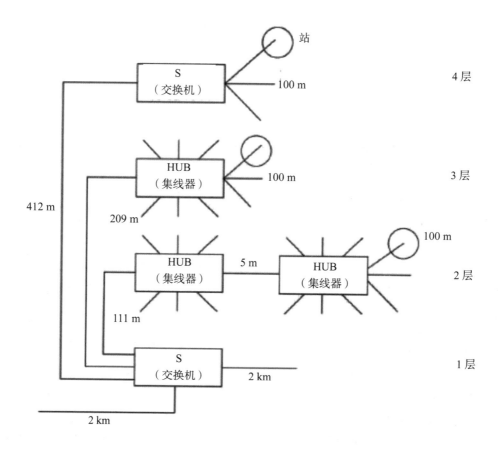

图 4-16　组网典型连接解决方案

第 1、4 两层交换器之间多模光缆最长距离可达 412 m；第 3 层上使用一个共享型集线器（中继器），该设备与低层交换器之间的多模光缆最长距离达 209 m；第 2 层上由于站点密集，必须使用 2 个共享型集线器（中继器）提供足够数量的 100 Mbp 端口，2 个集线器之间距离为 5 m，则多模光缆最长距离为 111 m；最低层设备中配置的是本系统主交换器，与园区内其他大楼交换器之间进行全双工模式传输的多模光缆最长距离可达 2 km；各楼层连接各站点的 5 类 UTP 最长距离可达 100 m。

本方案中配置了有关 100 Mbps 以太网的主要设备，虽然本解决方案是虚构的，但从本方案中可以说明 100 Mbps 以太网系统设计的特点，可供组网参考。

4.2.3 千兆以太网

千兆位以太网是快速以太网技术的自然发展，两者的拓扑结构完全一致，只是二者传输率相差 10 倍。帧结构和介质访问控制方式几乎与 IEE802.3 基本标准类同，但有所发展。千兆位以太网系统的介质和介质布局在快速以太网的基础上有所发展，一般来说，可以向下兼容快速以太网或 10Base-T/FL。同样，千兆位以太网系统包括共享型和交换型两类。在使用光缆作为介质的环境中，与快速以太网一样充分发挥了全双工以太网技术的特点。目前，千兆位以太网多用于 LAN 系统的主干。

为了实现千兆位以太网技术和产品的开发，1996 年 3 月，IEEE 成立了 802.3z 工作组，负责研究千兆位以太网技术，并且制订了相应的标准。

千兆位以太网（GE）是提供 1000 Mbps (1000 Mbps = 1 Gbps) 数据传输速率的以太网。GE 是对 10 Mbps 和 100 Mbps IEEE802.3 以太网非常成功的扩展，它和传统的以太网使用相同的 IEEE802.3 CSMA/CD 协议、相同的帧格式和相同的大小。千兆位以太网与现有以太网完全兼容，二者的区别仅仅是千兆位以太网速度快，它的传输速率达到 1 Gbps。千兆位以太网支持全双工操作，最高速率可以达到 2 Gbps。这对于广大的以太网用户来说，意味着它们现有的以太网能够很容易地升速到 1 Gbps 或 2 Gbps。有专家预计，随着千兆位以太网技术的应用和发展，千兆位以太网不仅广泛应用于园区网，也会在城域网甚至广域网中得到应用，它将成为主干网和桌面系统的主流技术。千兆位以太网信号系统的基础是光纤信道。

（1）千兆位以太网的体系结构与功能模块

如图 4-17 所示，描述了千兆位以太网的体系结构和功能模块，整个结构类似于 IEEE802.3 标准所描述的体系结构，包括了 MAC 子层和 PHY 层两部分内容。MAC 子层中实现了 CSMA/CD 介质访问控制方式和全双工 / 半双工的处理方式，帧的格式和长度也与 802.3 标准所规定的一致。

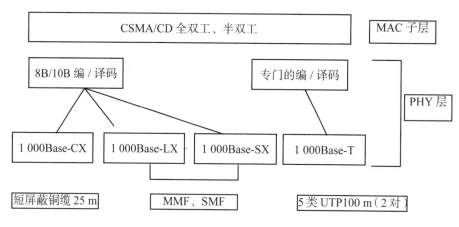

图 4-17　千兆位以太网的体系结构和功能模块

千兆位以太网在 PHY 层上，体现了 802.3z 与 802.3 标准的最大区别，PHY 层中包括了编码 / 译码、收发器以及介质三个主要模块，还包括了 MAC 子层与 PHY 层连接的逻辑。

收发器模块包括长波光纤激光传输器、短波光纤激光传输器以及铜缆收发器三种类型。不同类型的收发器模块分别对应于所驱动的传输介质，传输介质包括单模和多模光缆以及屏蔽和非屏蔽铜缆。

对应不同类型的收发器模块，802.3z 标准还规定了两类编码 / 译码器：8B/9B 和专门用于 5 类 UTP 专门的编码 / 译码方案。

光缆介质的千兆位以太网除了支持半双工链路外，还支持全双工链路；而铜缆介质只支持半双工链路。

（2）千兆位以太网按 PHY 层的分类

综合 PHY 层上的各种功能，把它们归纳成两种实现技术：即 1000Base-X 和 1000Base-T。同一个 MAC 子层下面的 PHY 层中包含 1000Base-X 和 1000Base-T 两种技术，而 1000Base-X 中又包含 1000Base-LX、1000Base-X 以及 1000Base-CX，它们分别对应着相应的编码 / 译码技术、收发器和传输媒体。1000Base-T 的物理层功能与 1000Base-X 差别较大，有其相应的编码 / 译码技术及传输媒体。

1）1000Base-X

1000Base-X 是千兆位以太网技术中易实现的方案，也是目前已经使用的解决方案，1000Base-X 包含 1000Base-CX、1000Base-LX 和 1000Base-SX 三种，但它们的 PHY 层中均采用 8B/10B 的编码 / 译码方案。三者的收发器部分差别较大，这是三者所分别对应的传输媒体以及在媒体上所采用的信号源方案不同导致的。

① 1000Base-CX

使用铜缆的两种千兆以太网技术中，另一种是 1000Base-T。1000Base-CX 的媒体是一种短距离屏蔽铜缆，最长距离达 25 m，这种屏蔽电缆不是符合 ISO11801 标准的 STP，而是一种特殊规格高质量平衡双绞线对的 TW 型带屏蔽的铜缆。连接这种电缆的端口上配置

9 芯 D 型连接器。

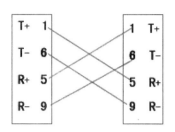

图 4-18　1000Base-CX 屏蔽双绞线连

如图 4-18 所示，为 9 芯 D 型连接器屏蔽双绞线对的连接方式。在 9 芯 D 型连接器中只用 1、5、6、9 四芯，1 与 6 用于一根双绞线；5 与 9 用于另一根双绞线。双绞线的特性阻抗为 150Ω。

1000Base-CX 的短距离铜缆适用于交换器间的短距离连接，特别适用于千兆主干交换器与主服务器的短距离连接，这种连接往往在机房的配线架柜上以跨线的方式连接即可，不必使用长距离的铜缆或甚至使用光缆。

② 1000Base-LX

1000Base-LX 应用了一种在收发器上使用长波激光（LWL）作为信号源的媒体技术，这种收发器上配置了激光波长为 1270 nm~1355 nm（一般为 1300 nm）的光纤激光传输器，它可以驱动多模光纤，也可驱动单模光纤，使用的光纤规格如下：

62.5μm 的多模光纤

50μm 的多模光纤

10μm 的单模光纤

对于多模光缆，在全双工模式下，最长距离可达 550 m；对于单模光缆，全双工模式下最长距离达 3 km。连接光缆所使用的 SC 型光纤连接器，与 100 Mbps 快速以太网 1000Base-FX 使用的型号相同。

③ 1000Base-SX

1000Base-SX 是一种在收发器上使用短波激光（SWL）作为信号源的媒体技术，这种收发器上配置了激光波长为 770 nm~860 nm（一般为 800 nm）的光纤激光传输器，不支持单模光纤，仅支持多模光纤，包括以下两种：

62.5 μm 的多模光纤，全双工模式下最长距离为 300 m。

50 μm 的多模光纤，全双工模式下工距离为 525 m。

连接光缆的所使用的连接器与 1000Base-LX 和 1000Base-FX 一样，为 SC 连接器。

2）1000Base-T

1000Base-T 是一种使用 5 类 UTP 的千兆位以太网技术，其标准为 IEEE802.3ab，不同于 1000Base-X 的 IEEE802.3z。1000Base-T 最长的媒体距离与 100Base-TX 一样，达 100 m。将这种 5 类 UTP 上距离为 100 m 的技术从传输率 100 Mbps 升级到 1000 Mbps，对用户来

说可以，原来使用的 5 类 UTP 布线系统的传输带宽可升级 10 倍。但是要实现这样的技术，不能采用 1000Base-X 所使用的 8B/10B 编码 / 译码方案以及信号驱动电路，需要换成专门的更先进的编码 / 译码方案和特殊的驱动电路方案。

（3）千兆位以太网的组网跨距

组网跨距是系统的覆盖范围。在设计系统时，跨距是组网必须要考虑的问题之一。以下分别讨论有、无中继器连接的两种情况。

1）无中继器互连的情况

千兆位以太网组网跨距在采用光缆和铜缆两种媒体时差别很大，与 10 Mbps 和 100 Mbps 以太网相比显得更复杂，即使采用了光缆作为媒体，还要区分多模和单模光纤。多模光纤有 50 μm 和 62.5 μm 之分，驱动光源有长波和短波之分。对于铜缆又要区分采用的是 TW 型屏蔽双绞线还是 5 类不屏蔽双绞线。在有如此之多的媒体选择情况下，还要区分是处在半双工模式还是在全双工模式下联网，半双工模式即是处在 CSMA/CD 约束下的碰撞域范围，全双工模式不必考虑 CSMA/CD 的约束，组网跨距为有效数字信号在媒体上传输的最长距离。各种情况下的组网跨距，见表 4-3。

表 4-3　不同传输介质下的组网跨距

以太网类型	传输介质	半双工	全双工
1000 Base-LX	多模 62.5 μm	330 m	550 m
	多模 50 μm	330 m	550 m
	单模 10 μm	330 m	3 km
1000 Base-SX	多模 62.5 μm	330 m	300 m
	多模 50 μm	330 m	550 m
1000 Base-CX	TW 屏蔽双绞线	25 m	25 m
1000 Base-T	5 类 UTP	100 m	100 m

注意：上述的半双工和全双工两种模式下的跨距均是标准所规定的目标值，与具体厂家产品所能达到的指标是稍有不同的。

2）中继器互连的情况

千兆以太网标准规定，在媒体段只允许配置 1 个中继器。实际上在半双工模式下也只可能配置 1 个中继器。在半双工模式下，使用一个中继器后，跨距会增加还是减少？答案是，在千兆以太网上与 100 Mbps 快速以太网情况类似，在采用铜缆媒体时，使用 1 个中继器，跨距能增加一倍；而在采用光缆媒体时，则跨距反而减少。原因在于铜缆半双工跨距并非真正反映碰撞域的最大范围，而恰恰是反映了有效数字信号传输的最长距离，而光缆情况正相反，即半双工的跨距已反映了碰撞域的最大范围。加了 1 个中继器后，在半双工模式下，跨距分别为 1000Base-LX/SX 240 m；1000Base-CX 50 m；1000Base-T 200 m。

4.3 虚拟局域网

在前面我们介绍了局域网的发展历史，从共享以太网到标准以太网经历了一个漫长的过程，虚拟局域网（VLAN）技术也在此期间诞生。在学习这项技术之前，让我们先来回想一下 VLAN 技术的产生背景。

4.3.1 虚拟局域网的定义

在标准以太网出现后，同一个交换机下不同的端口已经不在同一个冲突域中，所以连接在交换机下的主机进行点到点的数据通信时，也不再影响其他主机的正常通信。但是，我们发现应用广泛的广播报文仍然不受交换机端口的局限，而是在整个广播域中任意传播，甚至在某些情况下，单播报文也被转发到整个广播域的所有端口。这样一来，大大地占用了有限的网络带宽资源，使得网络效率低下。

以太网处于 TCP/IP 协议栈的第二层，二层上的本地广播报文是不能被路由器转发的，为了降低广播报文的影响，我们只有使用路由器减少以太网上广播域的范围，从而降低广播报文在网络中的比例，提高带宽利用率。但这不能解决同一交换机下用户隔离的问题，并且使用路由器来划分广播域，无论是在网络建设成本上，还是在管理上都存在很多不利因素。为此，IEEE 协会专门设计了一种 802.1q 的协议标准，这就是 VLAN 技术的来源。它应用软件实现了二层广播域的划分，完美地解决了路由器在划分广播域上存在的困难。

总体上来说，VLAN 技术划分广播域有着无与伦比的优势，它能把网络资源和网络用户按照一定的原则进行划分，把一个物理上的网络划分成多个小的逻辑网络。这些小的逻辑网络形成各自的广播域，也就是虚拟局域网 VLAN。如图 4-19 所示，几个部门都使用一个中心交换机。但是各个部门属于不同的 VLAN，形成各自的广播域，广播报文不能跨越这些广播域传送。

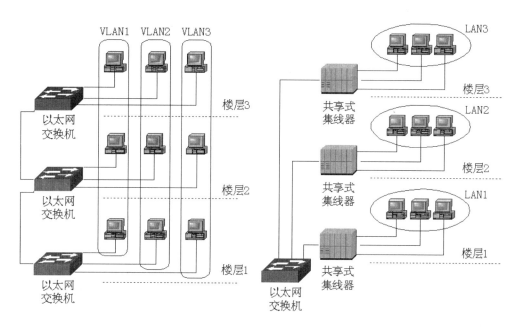

图 4-19　虚拟局域网

　　虚拟局域网将一组位于不同物理网段上的用户从逻辑上划分在一个局域网内，在功能和操作上与传统 LAN 基本相同，可以提供一定范围内终端系统的互联。VLAN 与传统的 LAN 相比，具有以下优势：

　　① 减少移动和改变的代价。能够动态管理网络，也就是当一个用户从一个位置移动到另一个位置时，它的网络属性不需要重新配置，而是动态的完成。这种动态管理网络给网络管理者和使用者都带来了极大的好处，一个用户，无论它到哪里，都能不做任何修改地接入网络。

　　② 虚拟工作组。使用 VLAN 的最终目标就是建立虚拟工作组模型，如图 4-20 所示。例如，在企业网中，同一个部门的人就好像在同一个局域网上一样，很容易的互相访问，交流信息。所有的广播包也都被限制在该虚拟局域网上，而不影响其他虚拟局域网的人。一个人如果从一个办公地点换到另外一个地点，而它仍然在该部门，那么，该用户的配置无须改变。如果一个人虽然办公地点没有变，但他更换了部门，那么只需网络管理员更改一下该用户的配置即可。这个功能的目标就是建立一个动态的组织环境。

　　③ 用户不受物理设备的限制，VLAN 用户可以处于网络中的任何地方。

　　④ VLAN 对用户的应用不产生影响，解决了许多大型二层交换网络产生的问题。

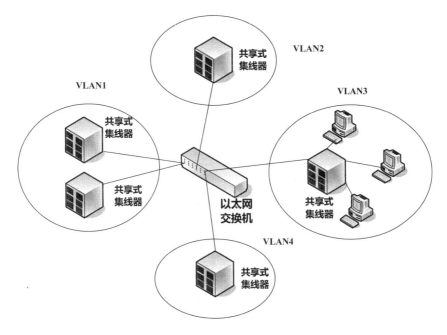

图 4-20 虚拟工作组

⑤ 限制广播包，提高带宽的利用率。虚拟局域网有效地解决了广播风暴带来的性能下降问题。一个 VLAN 形成一个小的广播域，同一个 VLAN 成员都在其所属 VLAN 确定的广播域内，那么当一个数据包没有路由时，交换机只会将此数据包发送到所有属于该 VLAN 的其他端口，而不是所有的交换机的端口。这样，数据包就限制到了一个 VLAN 内，在一定程度上可以节省带宽。如图 4-21 所示。

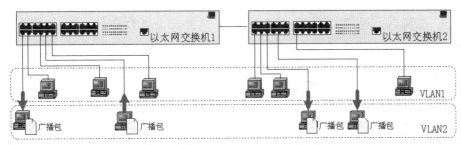

图 4-21 VLAN 限制广播报文

⑥ 增强通讯的安全性。一个 VLAN 的数据包不会发送到另一个 VLAN，这样其他 VLAN 用户的网络上收不到任何该 VLAN 的数据包。这样就确保了该 VLAN 的信息不会被其他 VLAN 的人窃听，从而实现了信息的保密。

⑦ 增强网络的健壮性。当网络规模增大时，部分网络出现问题往往会影响整个网络，引入 VLAN 之后，可以将一些网络故障限制在一个 VLAN 之内。

4.3.2 虚拟局域网的划分

VLAN 从逻辑上对网络进行划分，组网方案灵活，配置管理简单，降低了管理维护的成本。

VLAN 的主要目的就是划分广播域，那么我们在建设网络时，如何确定这些广播域呢？下面让我们根据物理端口、MAC 地址，逐一介绍几种 VLAN 的划分方法。

（1）基于端口的 VLAN 的划分

基于端口的 VLAN 划分方法是用以太网交换机的端口来划分广播域，也就是说，交换机某些端口连接的主机在一个广播域内，而另一些端口连接的主机在另一个广播域，VLAN 和端口连接的主机无关。我们假设指定交换机的端口 1、2、6 和端口 7 属于 VLAN2，端口 3、4 和端口 5 属于 VLAN3，见表 4-4。

表 4-4　基于端口划分 VLAN 的 VLAN 映射简化表

端口	VLAN ID
Port 1	VLAN2
Port 2	VLAN2
Port 6	VLAN2
Port 7	VLAN2
Port 3	VLAN3
Port 4	VLAN3
Port 5	VLAN3

此时，主机 A 和主机 C 在同一 VLAN，主机 B 和主机 D 在另一个 VLAN 下。如果将主机 A 和主机 B 交换连接端口，则 VLAN 表仍然不变，主机 A 变成与主机 D 在同一 VLAN（广播域），主机 B 和主机 C 在另一 VLAN 下。如果网络中存在多个交换机，还可以指定交换机的端口和交换机 2 的端口属于同一 VLAN，这样同样可以实现 VLAN 内部主机的通信，并隔离广播报文的泛滥。所以这种 VLAN 划分方法的优点是定义 VLAN 成员非常简单，指定交换机的端口即可；但是如果 VLAN 用户离开原来的接入端口，而连接到新的交换机端口，就必须重新指定新连接的端口所属的 VLAN ID。

在最初的实现中，VLAN 是不能跨越交换设备的。后来进一步的发展使得 VLAN 可以跨越多个交换设备，如图 4-22 所示。

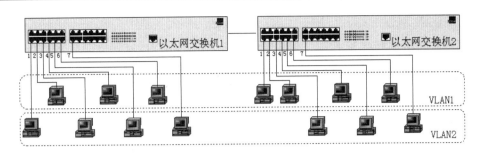

图 4-22　跨交换设备 VLAN 的划分

（2）基于 MAC 地址的 VLAN 划分

基于 MAC 地址的 VLAN 划分方法是根据连接在交换机上的主机的 MAC 地址来划分广播域的，也就是说，某个主机属于哪一个 VLAN 只和它的 MAC 地址有关，和它连接在哪个端口或者 IP 地址没有关系。在交换机上配置完成后，会形成一张如表所示的 VLAN 映射表，见表 4-5。

表 4-5　基于 MAC 地址划分 VLAN 的 VLAN 映射简化表

MAC 地址	VLAN D
MAC A	VLAN2
MAC B	VLAN3
MAC C	VLAN2
MAC D	VLAN3
……	……

这种划分 VLAN 方法的最大优点是当用户改变物理位置（改变接入端口）时，不用重新配置。但是我们明显可以感觉到这种方法的初始配置量很大，要针对每个主机进行 VLAN 设置。并且对于那些经常更换网络接口卡的笔记本电脑用户来说，需要经常使交换机更改配置。

（3）基于协议的 VLAN 划分

基于协议的 VLAN 划分方法是根据网络主机使用的网络协议来划分广播域的。主机属于哪一个 VLAN 取决于它所运行的网络协议（如 IP 协议和 IPX 协议），而与其他因素没有关系。在交换机上完成配置后，会形成一张 VLAN 映射表。见表 4-6。

表 4-6　基于协议划分 VLAN的 VLAN 映射简化表

协议类型	VLAN ID
IP	VLAN2
IPX	VLAN3
……	……

这种 VLAN 划分在实际当中应用得非常少，因为实际上绝大多数都是 IP 协议的主机，其他协议的主机组件都被 IP 协议主机代替，所以它很难将广播域划分得更小。

（4）基于子网的 VLAN 划分

基于子网的 VLAN 划分方法是根据网络主机使用的 IP 地址所在的网络子网来划分广播域的，IP 地址属于同一个子网的主机属于同一个广播域，而与主机的其他因素没有任何关系。在交换机上完成配置后，会形成一张 VLAN 映射表，见表 4-7。

表 4-7　基于子网划分 VLAN 的 VLAN 映射简化表

IP 子网	VLAN ID
1.1.10/24	VLAN2
1.1.2.0/24	VLAN3
……	……

这种 VLAN 划分方法管理配置灵活，网络用户自由移动位置时不需重新配置主机或交换机，并且可以按照传输协议进行子网划分，从而实现针对具体应用服务来组织网络用户。但是，这种方法也有不足的一面，这种 VLAN 划分方法为了判断用户的属性，必须检查每一个数据包的网络层地址，这将耗费交换机不少的资源，并且同一个端口可能存在多个 VLAN 用户，这使广播报文的效率有所下降。

从以上多种 VLAN 划分方法的优缺点综合来看，基于端口划分 VLAN 是最普遍使用的方法之一，也是目前所有交换机都支持的一种 VLAN 划分方法。有少量交换机支持基于 MAC 地址的 VLAN 划分。大部分以太网交换机目前都支持基于端口的 VLAN 划分。

4.3.3 虚拟局域网的帧格式

前面我们简单提到过，IEEE802.1q 协议标准规定了 VLAN 技术，它定义了同一个物理链路上承载多个子网的数据流的方法，主要内容包括：VLAN 的架构，VLAN 技术提供的服务和 VLAN 技术涉及的和算法。

为了保证不同厂家生产的设备能够顺利互通，802.1q 标准规定了统一的 VLAN 帧格式以及其他重要参数。在此我们重点介绍标准的 VLAN 帧格式。

IEEE802.1q 协议标准规定在原有的标准以太网帧格式中增加一个特殊的标志域—Tag 域，用于标识数据帧所属的 VLAN ID。

从两种帧格式我们可以知道 VLAN 帧相对标准以太网帧在源 MAC 地址后面增加了 4 字节的 Tag 域。它包含了 2 字节的标签协议标识（TPID）和 2 字节的标签控制信息（TCI）。其中 TPID 是 IEEE 定义的新的类型，表示这是一个加了 802.1q 标签的帧。TPID 包含了一个固定的 16 位值 0x8100。TCI 又分为 Priority（用户优先级）、CFI（规范格式标识符）和 VLAN ID 三个域。

① Priority

该域占用 3 个 bit 位，用于标识数据帧的优先级。该优先级决定了数据帧的重要紧急程度，优先级越高，就越优先得到交换机的处理，这在 QoS（服务质量）服务模型的应用中非常重要。它一共可以将数据帧分为 8 个等级。

② CFI

该域仅占用 1 个 bit 位，如果该位为 0，表示该数据帧采用规范帧格式，如果该位为 1，表示该数据帧为非规范帧格式。它主要在令牌环 / 源路由 FDDI（光纤分布式数据接口）介质访问方法中，它用于指示是否存在 RIF 域（路由信息域），并结合 RIF 域来指示数据帧中所带地址的比特次序信息。如果在 802.3Ethernet 和 FDDI 介质访问方法中，它用于指示是否存在 RIF 域，并结合 RIF 域来指示数据帧中地址的比特次序信息。

③ VLAN ID

该域占用 12 个 bit 位，它明确指出该数据帧属于某一个 VLAN，VLAN ID 表示的范围为 0~4095。

（1）VLAN 数据帧的传输

目前我们任何主机都不支持 TAG 域的以太网数据帧，即主机只能发送和接收标准的以太网数据帧，而认为 VLAN 数据帧为非法数据帧。所以支持 VLAN 的交换机在与主机和交换机进行通信时，需要区别对待。当交换机将数据发送给主机时，必须检查该数据帧，并删除 Tag 域。而发送给交换机时，为了让对端交换机能够知道数据帧的 VLNA ID，它应该将从主机接收到的数据帧增加 Tag 域后再发送，其数据帧在传播过程中变化。

当交换机接收到某数据帧时，交换机根据数据帧中的 Tag 域或者接收端口的缺省 VLAN ID 来判断该数据帧应该转发到哪些端口，如果目标端口连接普通主机，则删除 Tag 域（如果数据帧包含 Tag 域）后发送数据帧；如果目的端口连接的是交换机，则添加 Tag 域（如果数据帧不包含 Tag 域）后发送数据帧。

（2）VLAN 路由

我们知道 VLAN 技术将同一 LAN 上的用户在逻辑上分成了多个虚拟局域网，只有同一 VLAN 的用户才能相互交换数据。但是，大家都应该清楚我们建设网络的最终目的是要实现网络的互联互通，VLAN 技术是用于隔离广播报文、提高网络带宽的有效利用率而设计的，所以虚拟局域网之间的通信成为我们关注的焦点。究竟怎样妥善解决这个问题呢？其实在此之前我们已经给出了答案。实际上，在使用路由器隔离广播域的同时，也解决了 LAN 之间的通信，但是这与我们讨论的问题有微小的区别：当路由器隔离二层广播时，实际上是将大的 LAN 用三层网络设备分割成独立的小 LAN，连接每一个 LAN 都需要一个实际存在的物理接口。为了解决物理接口需求过大的问题，在 VLAN 技术的发展中，出现了另一种路由器—独臂路由器，用于实现 VLAN 间通信的三层网络设备路由器。它只需要一个以太网接口，通过创建子接口就可以承担所有 VLAN 的网关，而在不同的 VLAN 间转发数据。

4.4 环网

目前常用的环网包括令牌环网（Token Ring）和光纤分布式数据接口（FDDI）两种。令牌环网是最早使用的一种环网，FDDI 是在其基础上发展起来的一种高速环网。

4.4.1 令牌环网

IEEE802.5 标准及其所描述的令牌环网产品在 20 世纪 80 年代中期问世，IEEE802.5 标准定义了令牌环网的媒体访问控制（MAC）技术和物理层结构。若干年后，使用光纤的高速环网出现，它弥补了 10Base-5 和 10Base-2 以太网的不足，可满足网络应用的进一步的需求。环网的特点如下：

① 适应重负荷应用环境。在重负荷应用环境中，仍能保持一定效率。

② 具有实时性能和优先权机制。

③ 环网的媒体可以使用光纤。

④ 覆盖范围较大，可达数万米。

（1）令牌环的操作过程

令牌环技术的基础是使用了一个叫作令牌的特定比特串，当环上所有的站都空闲时，令牌沿着环旋转。当某一站想发送帧时，必须等待，直至检测到经过该站的令牌。该站抓住令牌并改变令牌中的一个比特，然后将令牌转变成一帧的帧首。这时，该站可以在帧首后面加挂上帧的其余字段并进行发送。此时，环上不再有令牌，因此其他想发送的站必须等待。这个帧将绕环一整周后由发送站将它清除。发送站在下列两个条件都符合时，将在环上插进一个新的令牌：

① 站已完成帧的发送。

② 站所发送的帧的前沿已回到了本站（在绕环运行一整圈后）。

这种机理能保证任一时刻只有一个站可以发送。当某站释放一个新的令牌时，它下游的第一个站若有数据要发送，将能够抓住这个令牌并进行发送。

在轻负载的条件下，令牌环的效率较低，这是因为一个站必须等待令牌的到来才能发送。但是，在重负载的条件下却不一样，环的作用是依次循环传递，既有效又公平，从图4-23 可看到这一点。注意，当 A 站发送后，它释放出一令牌。这时，第一个有机会发送的站将是 D 站。如果 D 站发送后，则由它释放出一个令牌，而 C 将有下一个机会，依次类推。

令牌环网的操作原理可用图 4-23 来说明。当环上的一个工作站希望发送帧时，必须首先等待令牌。所谓令牌是一组特殊的比特，专门用来决定由哪个工作站访问网络。一旦收到令牌，工作站便可启动并发送帧。帧中包括接收站的地址，以标识哪一站应接收此帧。帧在环上传送时，不管帧是否针对自己工作站，所有工作站都进行转发，直到回到帧的始发站，并由该始发站撤销该帧。帧的意图接收者除转发帧外，应针对自身站的帧维持一个副本，并通过在帧的尾部设置"响应比特"来指示已收到此副本。

工作站在发送完一帧后，应该释放令牌，以便出让令牌给其他站使用。出让令牌有两种方式，选用何种方式与所用的传输速率相关。一种是低速操作（4Mb/s）时，只有收到响应比特才释放，我们称之为常规释放。第二种是在工作站发出帧的最后一比特后释放，我们称之为早期释放。

现在就图4-23进行一些说明，开始时，假设工作站A想向工作站C发送帧。

第1步：工作站A等待令牌从上游邻站到达本站，以便有发送机会。

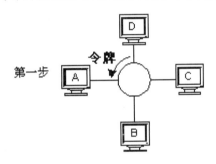

图4-23 令牌环的操作过程（1）

第2步：工作站A将帧发送到环上，工作站C对发往它的帧进行拷贝，并继续将该帧转发到环上。

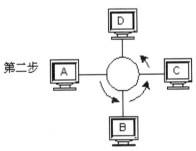

图4-23 令牌环的操作过程（2）

第3步：工作站A等待接收它所发的帧，并将帧从环上撤离，不再向环上转发。

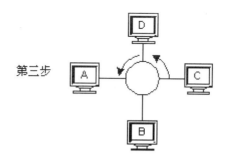

图 4-23　令牌环的操作过程（3）

第 4 步 a：当工作站接收到帧的最后一比特时，便产生令牌，并将令牌通过环传给下游邻站，随后对帧尾部的响应比特进行处理。

第 4 步 b：当工作站 A 发送完最后一个比特时，便将令牌传递给下游工作站，即早期释放。

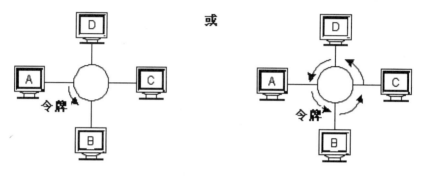

图 4-23　令牌环的操作过程（4-a）　　　令牌环的操作过程（4-b）

第 4 步有 a、b 两种方式，在常规释放时选择第 4 步 a，在早期释放时选择第 4 步 b。还应指出，当令牌传到某一工作站，但无数据发送时，只要简单地将令牌向下游转发即可。

（2）令牌环网的组成

20 世纪 80 年代中期，令牌环网产品刚刚问世，其基本组成如图 4-24 所示。

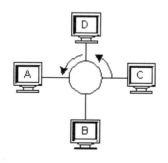

图 4-24　令牌环网的基本组成

其中包括结点上安装的令牌环网网卡、环路插入器、插入器电缆以及环路电缆。当环网正常工作时，环路始终处于闭合回路状态。即使环路中某些结点处于关电状态，环路插入器总能保证环路处于闭合状态。图 4-24 的 A、B、C 和 D 四个结点组成一个令牌环网，当四个结点加电后均通过环路插入器接入环网，形成闭合回路。运行一段时间后，B 和 D 两个结点关电，就自动退出环路，此时环路上仅剩 A 和 C 两个结点。环路插入器具有灵敏的继电开关，可以实现结点对环路的插入和退出。

结点插入环路：通过编程或键盘命令。

结点退出环路：通过编程、键盘命令、关电或网卡故障。

网卡中包括了 MAC 子层和 PHY 层功能，当结点插入环路时，网卡作为环路的一部分连入环路中，实现俘获令牌、发送帧、接收帧和转发帧的功能。

环型拓扑结构比公共总线要复杂。要实现各个结点（可能分布在数百米范围内）连成环路，在工程中环路媒体的铺设往往比公共总线同轴电缆的铺设要复杂得多。为了实现结点构成环路工程上铺设媒体，每个环路插入器中需要包括两个方向上的媒体段，这种组网拓扑结构在物理上看似一种公共总线，而逻辑上仍是一个环型拓扑结构。组网的基本组成仍为令牌环网网卡、环路插入器、插入器电缆和环路电缆段。

4.4.2 FDDI 网

光纤分布式数据接口（FDDI）标准是由 ANSI 的 ASCX3T9.5 委员会负责制定的。该标准规定了一个 100 Mbps 光纤环形局域网的媒体访问控制（MAC）协议和物理层规范。它以采用 IEEE802.2 的逻辑链路控制（LLC）标准为前提。

(1)FDDI 标准的范围

与 IEEE802.3、802.4 和 802.5 标准一样，FDDI 标准包含了 MAC 子层和物理层。表 4-8 给出了 FDDI 标准的体系结构。应该注意到，该标准是以采用 IEEE802.2 LLC 标准作为前提的。标准分为四部分：媒体访问控制（MAC）、物理层协议（PHY）、物理媒体相关子层（PMD）、层管理（LMT）。

表 4-8　FDDI 体系结构

IEEE802.2LLC（逻辑链路控制）	
MAC（媒体访问控制）	LMT（层管理）
PHY（物理层协议）	
PMD（物理媒体相关子层）	

MAC 子层是用 MAC 服务与 MAC 协议来加以规定的。MAC 服务规范从功能上定义了 FDDI 向 LLC 或其他较高层用户提供的服务。接口包括发送与接收协议数据单元（PDU），同时它还提供每次操作的状态信息，为高层的差错恢复规程所用。MAC 协议是 FDDI 标准的核心。规范定义了帧的结构和在 MAC 子层所发生的交互作用。

物理层协议（PHY）是物理层中与媒体无关的部分，它包括与 MAC 子层间的服务接口规范。这一接口规范定义了在 MAC 与 PHY 之间传递一对串行比特流所需的设施。

PHY 还规定了数字数据传输用的编码。PMD 子层是物理层中与媒体相关的部分，它对用于光纤的激励器和接收器的特性做了规定，同时还对站到环的连接、环所用的光缆和连接器等与媒体相关的特性做了规定。

层管理（LMT）提供了一个站 FDDI 管理各层中正在进行的进程所必需的控制功能，从而使站在环上能协调地工作。LMT 是站管理（SMT）概念的一部分，后者包括对 LLC 子层及更高层中的进程的管理。FDDI 标准力图支持高速局域网的应用要求，包括那些称作后端局域网和主干局域网的应用。

（2）令牌环的操作过程

与 IEEE802.5 一样，FDDI 的 MAC 协议是一个令牌环协议。令牌环的基本操作（不包含优先级和维护机制）对 IEEE802.5 与 FDDI 来说是十分相似的。这里我们来重温一下这种基本操作，并指出这两种协议的在这方面的一些差别。

FDDI 令牌环技术建立在采用小的令牌帧的基础上，当所有的站点均空闲时，小令牌帧沿着环运行。某个站想要发送时，必须等检测到有令牌通过才行。一旦识别出有的令牌，站立即将它吸收。当抓获的令牌完全收到后，站就开始发送一个或多个帧。这时环上没有令牌，因而其他想要发送的站必须等待。环上的帧将绕环运行一圈，而后被发送站清除。当发送站完成帧的发送后，就在环上插入一新的令牌。如果环的比特长度大于站的发送长度，则新的令牌将出现在当前帧的前沿。

FDDI 建立在小令牌帧的基础上，当所有站都空闲时，小令牌帧沿环运行。当某一站有数据要发送，必须等待有令牌通过时才可能。一旦识别出有用的令牌，该站便将其吸收，随后便可发送一帧或多帧。如要环上没有令牌，便在环上插入一新的令牌，不必像 IEEE802.5 令牌环那样，只有收到自己发送的帧后才能释放令牌。因此，任一时刻环上可能会有来自多个站的帧运行。图 4-25 列出了 FDDI 网的令牌工作过程。

FDDI 双环可以采取同步和异步两种方式操作。在同步操作中，工作站可确保具有一定百分比的可用总带宽。这种情况下的带宽分配是按照目标令牌旋转时间（TTRT）来进行的。TTRT 是针对网络上期望的通信量所期望的令牌旋转时间。该时间值是在环初始化期间协商确定的。具有同步带宽分配的工作站，发送数据的时间不能超过分配给它的 TTRT 的百分比。所有站完成同步传输后剩下的时间将分配给剩余的结点，并以异步方式操作。异步方式又可进一步分为限制式和非限制式两种方式。

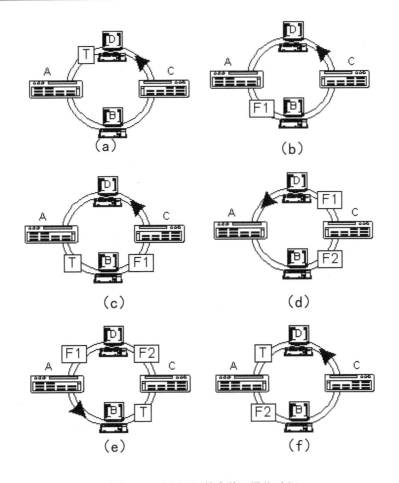

图 4-25   FDDI 网的令牌环操作过程

由图 4-25 可知，FDDI 与 IEEE802.5 之间存在两个差别。第一，一个 FDDI 站并不是通过改变一个比特来抓住令牌的，因为要想满足 FDDI 的高数据率要求，采取这样一种做法是不实际的。第二，在 FDDI 中，一个站一旦完成帧的发送，即使它尚未开始收到它自己发出的帧，也会立即送出新的令牌。这也是为满足 FDDI 的高数据传输速率。

（3）数据编码

为了将数字数据作为一种信号来发送，需要对它进行某种形式的编码。编码的形式取决于传输媒体的性质、数据速率以及其他一些限制，譬如价格。光纤本是一种模拟媒体，信号只能在光频范围内传输。因而，我们可以预期，在 ASK（幅移键控）、FSK（频移键控）、PSK（相移键控）编码技术中，总需要用到一种。但 FSK 与 PSK 在高数据传输速率下很难实现，而且这样做，不但光电设备成本很高，而且可靠性较差。在 ASK 中，采用一恒定频率的信号和两个不同的信号电平来表示二进制数据，最简单的一种是用有、无载波来表示，这种技术往往被称作强度调制。强度调制提供了一种用于光纤的数字数据编码的简单方法，二进制"1"可用一光脉冲或光的突发来表示；二进制"0"则可用无光（不存在光的能量）来表示。这种方法的不利之处是缺少同步信息，因为在光纤上的信号，其跃变是不可预测的，因而对接收器来说将无法实现与发送器的时钟同步。解决这一问题的办法是：首先对二进制数据进行编码，以保证出现跃变，然后再将经过编码的数据加到光源上进行调制和传输。譬如，首先将数据进行曼彻斯特编码，而后用有光和无光来表示编码得到的高、低电平信号以进行传输。事实上，这是光纤常用的技术。这种方式的不利之处在于效率较低，仅达 50%。这是由于在 1 bit 时间内可有多达两个跃变的情形。因此，为了获得 100 Mbps 的数据率，需要有 200 Mbps，即每秒 200 × 100 000 信号码的信号速率。这对 FDDI 所具的高数据率来说，增加了不必要的成本和技术负担。

为了克服上述采用曼彻斯特编码和强度高调制带来的高波特率问题，FDDI 标准规定采用一种称作 4B/5B 码的编码方案。在这一方案中，一次对 4 bit 进行编码，每 4 bit 的数据编成一个由 5 个单元组成的符号，每一单元包含一单独的信号码元（光的有、无）。实质上也就是每一 4 bit 组的数据被编成一个 5 bit 码组。因此，效率提高为 80%，即获得 100 Mbps 的数据率只需 125 Mbaud 信号速率。由此带来的节约是相当可观的。须知一个 200 Mbaud 的收发器的成本为一个 125 Mbaud 的收发器的 5~10 倍。为了理解 4B/5B 码流中的每一码元作为一个二进制对待，并采用一种称作不归零反相（NRZI）或不归零一传号（NRZ-M）的编码技术来进行编码。在这种编码中，二进制"1"用 1 bit 间隔起始处的跃变来表示，二进制"0"则以无跃变来表示，除此就不存在别的跃变。NRZI 的优点是它采用了差分编码。在差分编码中，信号是通过比较相邻信号码元的极性进行编码的，而不是根据其绝对值来进行译码的。这样做的好处是在存在噪声和失真的情况下，检测跃变要比检测绝对值是否超过一门限值更为可靠。

（4）FDDI 网物理层中与媒体相关的部分

物理层规范中与媒体相关的部分对物理媒体和某些可靠性方面的特性作出了规定。

FDDI 标准规定了一个数据速率为 100 Mbps，NRZI-4B/5B 编码方案的光纤环型网，它所采用的波长为 1300 nm。事实上，所有光纤发送器都工作在 850 nm、1300 nm 或 1550 nm 的波长上，系统的性能和价格都随着波长的增长而增加。对于本地的数据通信来说，当前大多数系统都采用 850 nm 的光源。然而，在距离为 1 km 左右和数据率达 100 Mbps 的情形下，这一波长已开始变得不合适。并且，1550 nm 的光源要求使用昂贵的激光器，将其应用于 FDDI 或许显得有些过分。

规范指明采用多模光纤传输。虽然在当今的长距离网络中主要使用单模光纤，并要求使用激光器作为光源，而不用比较便宜和功率较小的发光二极管（LED）。LED 符合 FDDI 的要求。多模光缆的尺寸以其纤芯的直径和围绕纤芯包层的外直径来确定。标准中规定这二者的组合有 62.5/125 μm 和 85/125 μm 两种，同时也列出了另两种选择为 50/125 μm 和 100/140 μm。一般来说，较小的直径能提供较大的可能达到的带宽，但却有较高的连接损耗。62.5/125 μm 和 85/125 μm 两种组合对 FDDI 来说，似乎是一种更佳的选择。基于前面定义的特性，相邻转发器间的最大距离定为 2 km。还应指出，本规范制定的基础是环上最多能有 1000 处物理连接和 200 km 的光纤总长度。可靠性规范 FDDI 标准明确地提出了对可靠性方面的要求。标准中包含加强可靠性的技术规范，具体如下：

① 站旁路。对一个存在故障或电源中继的站，可利用一个自动的光旁路开关加以旁路。

② 布线集中器。布线集中器能用于星型布线方式中。

③ 双环。采用双环来连接各站，当任何一站或一条链路发生中断时，网络结构可重新组织，以保持连接。

双环的概念如图 4-26(a) 所示，加入双环的各站都以两条链路相邻连接，每条链路具有相反的传输方向。这样，就产生了两个环：一个主环和一个副环，它们的环行方向相反。在正常条件下，副环不是空闲的。如果某个站出现了故障，则位于该站两侧的相邻站就设法重新构成环路，以除去这一故障站和连接至该站的链路，如图 4-26(b) 所示。这样，就将链路故障加以隔离，并成一个闭合环。信号逆时针方向运行时，仅仅经过转发，只有沿顺时针方向（主环）运行时，MAC 协议才被包括在内。

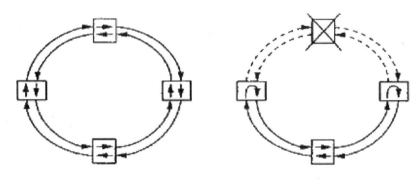

（a）主环正常工作　　　（b）主环出现故障

图 4-26　FDDI 网双环工作

一个网络也具有构造成单、双环混合的能力，FDDI 标准定义了两类站：

A 类站：同时连接主环与副环的站。当出现故障时，在这类站内部可利用主环与副环工作链路的组合，使网络重新构形。

B 类站：只连接主环的站。当出现故障时，可将其隔离。

对于用户来说，可将较重要的站（包括布线集中器在内）装备成 A 类站，以保证有较高的可利用度，而将重要性较低的站装备成 B 类站，以降低成本。

第 5 章 广域网技术

广域网是覆盖范围大、以信息传输为主要目的的数据通信网。广域网覆盖的地理范围可以从几十千米到数万千米，它是一种可以连接若干个城市、地区，甚至遍及全球的计算机通信网络，有时也称为远程网。

本章基本要求：掌握各种类型广域网的工作原理及相应的网络协议，包括 HDLC、PPP、FR 及 ATM 的工作原理。

5.1 广域网的基本概念

广域网 (WAN) 是一种跨地区的数据通信网络，通常包含一个国家或地区。广域网通常由两个或多个局域网组成。计算机常常使用电信运营商提供的设备作为信息传输平台，例如通过公用网、电话网连接到广域网，也可以通过专线或卫星连接。国际互联网是目前最大的广域网。对照开放式系统互联 (OSI) 参考模型，广域网技术主要位于底层的 3 个层次，分别是物理层、数据链路层和网络层。图 5-1 列出了一些经常使用的广域网技术同 OSI 参考模型之间的对应关系。

网络层					
数据链路层			LLC		
			MAC		
物理层					
交换式多兆比特数据业务	包分组层				
	链路访问层	帧中继	高速数据链路控制协议	点对点协议	同步数据链路控制协议
	x.21bis	EIA/TIA-232 EIA/TIA-422 V.24 V.35 HSSIG.703 EIA-530			

图 5-1 OSI 参考模型与 WAN 之间的对应关系

由于广域网是一种跨地区的数据通信网络，所以通常使用电信运营商提供的设备作为广域网的信息传输平台。与覆盖范围较小的局域网相比，广域网具有以下特点：

① 覆盖范围广，可达数千甚至数万千米。广域网管理、维护困难。

② 广域网没有固定的拓扑结构。广域网通常使用高速光纤作为传输媒体。

③ 局域网可以作为广域网的终端用户与广域网相连。

④ 广域网主干网带宽大，但提供给终端用户的带宽小。

⑤ 数据传输距离远，往往要经过多个广域网设备转发，延时较长。

广域网中最高层是网络层，网络层为上层提供的服务分为两种，即无连接的网络服务和面向连接的网络服务。广域网是由一些结点交换机以及连接这些交换机的链路组成的，一个结点交换机通常与多个结点交换机相连，而局域网则通过路由器和广域网相连。

5.1.1 广域网互联

广域网互联时，由于各个网络可能具有不同的体系结构，所以广域网的互联常常是在网络层及其以上层进行的，使用的互联设备也主要是路由器和网关。广域网互联的方法主要有两种：一是各个网络之间通过相对应的网关进行互联，但这样的互联方法成本高、效率低，例如有 n 个网络要互联，则执行不同协议转换的网关就需要 n(n+1) 个。显然这种方法已不适宜网络发展的需求，人们需要寻求一种标准化的方法——通过"互联网"进行互联。该互联网执行标准的互联网协议，所有要进行互联的网络要与互联网相连，要发送的资料要转换成互联网的资料格式，当资料由互联网传送给目的主机时，再转换成目的主机的资料格式。至于这些资料在互联网中是怎样传送的，发送资料的源主机不必知道，这样做的好处是可以在整个网络范围内使用一个统一的互联网协议，互联网协议主要完成资料（在网络层为分组）的转发和路由的选择。全球最大的互联网就是"Internet"。

5.1.2 广域网的分类

WAN 在超过局域网的地理范围内运行，分布距离远，它通过各种类型的串行连接，以便在更大的地理区域实现接入。广域网可以提供全部时间和部分时间的连接，允许通过串行接口在不同的速率工作。广域网本身往往不具备规则的拓扑结构。由于速度慢，延迟大，入网站点无法参与网络管理，所以它需要复杂的互联设备（如交换机、路由器）处理其中的管理工作，互联设备通过通信线路连接，构成网状结构（通信子网）。其中，入网站点负责数据的收发工作；WAN 中的互联设备负责数据包的路由等重要管理工作。广域网的特点是数据传输慢（典型速度 56 kbit/s~155 Mbit/s）、延迟比较大（几毫秒到零点几秒）、拓扑结构不灵活。WAN 拓扑很难进行归类，一般多采用网状结构，网络连接往往要依赖运营商提供的电信数据网络。

目前有多种公共广域网络。按照其所提供业务的带宽的不同，可简单地分为窄带广域网和宽带广域网两大类。现有的窄带公共网络包括公共交换电话网（PSTN）、综合数字业务网（ISDN）、数字数据网（DDN）、X.25M 网、帧中继网等。宽带广域网有异步传输模式（ATM）、同步数字传输体系（SDH）等。

公共电话交换网是以电路交换技术为基础的用于传输模拟话音的网络。用户可以使用调制解调器拨号电话线或租用一条电话专线进行数据传输。使用公共电话交换网实现计算机之间的数据通信是最廉价的，但其带宽有限，通过公共电话交换网进行数据通信的最高速率偏低。

综合业务数字网提供从终端用户到终端用户的全数字服务，实现了语音、数据、图形、视频等综合业务的数字化传递方式。综合业务数字网想通过数字技术将现有的各种专用网络（模拟的、数字的）集成到一起，以统一的接口向用户同时提供各种综合业务。将综合业务数字网服务称为"一线能"就很形象地提示了综合业务数字网的本质。

X.25 网是一种国际通用的广域网标准，基于分组交换技术，内置的差错纠正、流量控制和丢包重传机制，具有高度的可靠性，适用于长途噪音线路。沿途每个结点都要重组包，使得数据的吞吐率很低，包延时较大。X.25 显然不适用于传输质量好的信道。

帧中继网是一种应用很广的服务，通常采用 E1 接口电路，速率可以从 64 K 到 2 M，速率较快。它是数据链路层技术，简化了 OSI 第二层中流量控制、纠错等功能要求，充分利用了广域网连接中比较简洁的信令，提高了结点间的传输效率。帧中继网的帧长度可变，便于适应 LAN 中的任何包或帧。帧中继网容易受到网络拥塞的影响，对于时间敏感的实时通信没有特殊的保障措施，当线路受到干扰时，将引起包的丢弃。

异步传输模式是面向新型网络业务的数据传输技术。为在交换式 WAN 或 LAN 骨干网以及高速传输数据提供了通用的通信机制，它同时支持多种数据类型（话音、视频、文本等）。与传统 WAN 不同，异步传输模式是一种面向连接的技术，在开始通信前，先建立端到端的连接。异步传输模式最突出的优势，就是支持 QoS 服务模型。

同步数字传输体系是应用较广的光传输技术，其网络具有带宽高、抗干扰强、可扩展性较强的特点。用户数据经过复用后，通过同步数字传输体系实现高速率的传输。

5.1.3 广域网设备

（1）调制解调器（Modem）

调制解调器作为终端系统和通信系统之间信号转换的设备，是广域网中必不可少的。它分为同步 Modem 和异步 Modem 两种，分别用来与路由器的同步和异步串口相连接。同步 Modem 可用于连接专线、帧中继网络或 X.25 网络等，异步 Modem 可用于连接电话线路，如与公用电话交换网络的连接。

（2）路由器（Router）

广域网在过程中根据地址来寻找数据包到达目的地的最佳路径，这个过程在广域网中称为"路由"。路由器负责在各段广域网和局域网间根据地址建立路由，将数据送到最终目的地。路由器放置在互联网络内部，使复杂的互联网运行成为可能。如果没有路由器，

Internet 将比现在慢数百倍，而且会更昂贵。在集线器和交换机上有连接主机的端口，而路由器通常不直接与主机相连，而是提供连接局域网网段和广域网的接口，从而在局域网之间进行路由选择，传输数据，像现实生活中的邮局一样，负责将信件从一个地方发送到另外一个地方。

防火墙是路由器提供的功能之一，它们依照预先设置好的条件对数据包进行过滤，检查每一个数据包，并决定是否转发该数据包，以此来保障一个企业内部互联网络的重要数据处理的安全。

（3）广域网（WAN）交换机

广域网交换机是在广域网提供数据交换功能的设备。比如 X.25 交换机、帧中继交换机、ATM 交换机。这些设备完成数据从入端口到出端口的交换，提供面向连接的数据服务，从而实现数据寻址和路由的功能。

（4）接入服务器（Access Server）

接入服务器是一种提供远程拨号用户和互联网络相连接的设备。全世界有成千上万个接入服务器，用以响应来自远程用户的呼叫，并将它们连接到互联网络上。粗略地说，它的一端像一个调制解调器，而另一端像一个集线器。大多数接入服务器是被 Internet 服务供应商（ISP）用以将家庭用户和小公司连接到 Internet 上。

5.1.4 互联网（Internet）

Internet 也是一种广域网，从技术的角度讲，Internet 和一般意义上的大型网络是一样的，唯一区别在于 Internet 的开放程度不同，它不是单独属于某个组织的，它所架设的专门的主干网络是在一些中心管理机构的赞助下运行的。

Internet 不是一种技术，它是使互联网络成为可能的相关技术的一个集合。Internet 集各种计算机网络技术和通信技术之精华，已经成为全球性的网络应用的聚集地。Internet 为计算机网络技术的应用开辟了无限广阔的空间，Internet 的典型应用有国际电子邮件 E-mail、电子商务、办公自动化等。

5.2 广域网的数据链路层协议

广域网是一种跨地区的数据通信网络，通常使用电信运营商提供的设备和线路作为信息传输平台。广域网的服务需要其他的网络服务提供商的申请。例如，租用电信提供的综合业务数字网（ISDN）和帧中继通信服务。

广域网技术主要体现在 OSI 参考模型的下层，即物理层、数据链路层和网络层。广域网通常由广域网服务提供商建设，用服务来实现企业内部网络与其他外部网络的连接及与远端用户的连接。广域网上可以承载不同类型的信息，如语音、视频和数据。当用户通过广域网建立连接时，或者说数据在广域网中传输时，可选择不同类型的方式传输，这是由广域网的协议和网络类型决定的。

广域网连接的一种比较简单的形式是点到点的直接连接，这条连接由两个连接设备独占，中间不存在分叉或交叉点，可以看成一条专用线路被租借给两个连接设备使用。这种连接的特点是比较稳定，但线路利用率较低，即使在线路空闲时，用户也需要交纳租用的费用。常见的点到点连接主要形式有：DDN 专线、E1 线路等。在这种点到点连接的线路上数据链路层封装的协议主要有点到点协议 (PPP)、高级数据链路控制协议（HDLC）和帧中继协议（FR）。如图 5-2 所示。

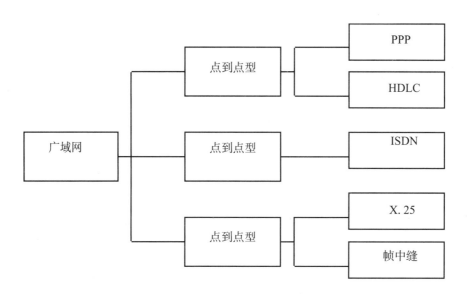

图 5-2　几种不同的点到点型和交换型链路

（1）分组交换型

分组交换是一种广域网数据交换方式，两个相连的网络设备通过若干个广域网交换机（分组交换机）建立数据传输的通道。用户在传送数据时，可以动态的分配传输带宽。换言之，就是网络可以传输长度不同的帧（包）或长度固定的信元。X.25 帧中继都是分组交换技术的实例。

（2）电路交换型

电路交换也是一种广域网交换方式，它是每次通信前要申请建立一条从发端到收端的物理线路，在此物理线路建立后，用户占有了一定的传输带宽，双方才能互相通信。在通信的全部时间里，用户总占用这条线路。电路交换被广泛使用于电话网络中。其操作方式类似于普通的电话呼叫。ISDN 就是广域网电路交换的一个典型例子。

当一个地点到另一个地点需要连接时才建立的电路交换一般只需要较低的带宽。而且主要用于把远程用户和移动用户连接到局域网。电路交换通常为高速线路（如帧中继和专线）提供备份。数据在广域网中传输时，必须按照传输的类型选择相应的数据链路层协议将数据封装成帧，保障数据在物理链路上的可靠传送。

5.2.1 高级数据链路层控制（HDLC）协议

在 OSI 七层协议产生之前，为了使容易产生差错的物理链路在通信时变得可靠，使用了一些控制协议，包括 ARPANET(美国高级研究计划署)推出的 IMP-IMP 协议和 IBM 推出的 BSC 协议，这些数据链路层协议都是面向字符的协议。面向字符是指链路上所传输的数据或控制信息都必须由规定字符集（如 ASCII 码）中的字符组成。由于这种面向字符的协议对字符的依赖性比较强，不便于扩展，以及其他一些缺点，为此 IBM 推出了面向比特的规程—同步数据链路控制（SDLC）。后来，ISO 修改了 SDLC，并改称高级数据链路控制（HDLC）。

面向比特的协议不关心字节的边界，它只是将帧看成比特集。这些比特可能来自某个字符集，或者可能是一幅图像中的像素值或一个可执行文件的指令和操作数等。相比较面向字符的协议，HDLC 最大特点是不需要数据必须是规定字符集，对任何一种比特流，均可以实现透明的传输。只要数据流中不存在同标志字段 F 相同的数据，就不至于引起帧边界的错误判断。万一出现同边界标志字段 F 相同的数据，即数据流中出现六个连"1"的情况，可以用零比特填充法解决。HDLC 具有以下特点：

① 协议不依赖于任何一种字符编码集。

② 数据报文可透明传输，用于实现透明传输的"0 比特填充法"的硬件条件较易实现。

③ 全双工通信，不必等待确认便可连续发送数据，有较高的数据链路传输效率。所有帧均采用循环冗余校验（CRC），对信息帧进行顺序编号，可防止漏收或重收，传输可靠性高。传输控制功能与处理功能分离，具有较大的灵活性。

HDLC 是通用的数据链路控制协议，在开始建立数据链路时，允许选用特定的操作方式。操作方式是指某个站点是以主站点方式操作还是以从站点方式操作，或者是二者兼备。链路上用于控制目的的站点称为主站，其他受主站控制的站称为从站。主站对数据流进行组织，并且对链路层的差错实施恢复，由主站发往从站的帧称为命令帧，而从从站返回主站的帧称为响应帧，连有多处站点的链路常使用轮询技术，轮询其他站称为主站，而在点到点链路中每个站均可为主站。主站需要比从站有更多的逻辑功能，所以当终端与主机相连时，主机一般总是主站。有些站可兼备主站从站的功能，这种站称为组合站，操作称作平衡操作。相对的，那种操作时有主站、从站之分的，且各自功能不同的操作，称为非平衡操作。

HDLC 中常用的操作方式有以下三种：

（1）正常响应方式（NRM）

这是一个非平衡数据链路方式，有时也称非平衡正常响应方式。该操作方式适用于面向终端的点到点或点到多点的链路。在这种操作方式中，传输过程由主站启动，从站只有收到主站某个命令帧后，才能做出响应向主站传输信息。响应信息可以由一个或多个帧组成，若信息由多个帧组成，则应指出哪一个是最后一帧。主站负责整个链路，且具有轮询、选择从站及向从站发送命令的权利，同时也负责对超时、重传及各类恢复操作的控制。

（2）异步响应方式（ARM）

这也是一种非平衡数据链路操作方式，与 NRM 不同的是，ARM 下的传输过程由从站启动。从站主动发送给主站的一个或一组帧中包含信息，也可以是以控制为目的而发送的帧。该方式对采用轮询方式的多站链路来说是必不可少的。

（3）异步平衡方式（ABM）

这是一种允许任何结点启动传输的操作方式。为了提高链路传输效率，结点之间在两个方向都需要有较高的信息传输量。在这种操作方式下，任何时候、任何站点都能启动传输操作，每个站点既可作为主站，又可作为从站，即每个站都是组合站。各站都有相同的一组协议，任何站点都可以发送或接收命令，也可以给出应答，并且各站对差错恢复过程都负有相同的责任。

在 HDLC 中，数据和控制报文均以帧的标准格式传送。HDLC 中的帧类似于面向字符的同步协议（BSC）的字符块，但 BSC 协议中的数据报文和控制报文是独立传输的，而 HDLC 中命令和响应以统一的格式按帧传输。完整的 HDLC 帧由标志字段（F）、地址字段（A）、控制字段（C）、信息字（I）、帧校验序列字段（FCS）等组成。

1）标志字段（F）

标志字段"01111110"的比特模式，用以表示帧的开始与结束。通常，链路空闲时也发送这个序列，以保证发送方和接收方的时钟同步。标志字段也可以作为帧与帧之间的填充字符，在这种状态下，发送方不断地发送标志字段，而接收方则检测每一个收到的标志字段，一旦发现某个标志字段后面不再是一个标志字段，便可认为一个新的帧传送已经开始。

如果两标志字段之间的比特串中，碰巧出现了和标志字段"01111110"一样的比特串。那么就会误认为是帧的边界。为了避免出现这种错误，HDLC 规定采用"0 比特填充法"使一帧中两个标志字段之间不会出现"01111110"。

0 比特填充法的具体实现方法为：发送方检测除标志位以外的所有字段，若发现连续 5 个"1"出现，则根据它看到的下一个比特作出决定。如果下一个比特为"0"，则一定是填充的，接收方就把它去掉。如果下一个比特是"1"，则有两种情况，这是帧结束标记或是比特流中出现差错。通过再看一下比特，接收方可区别这两种情形：如果看到一个 0（即"01111110"），那么它一定是帧结束标记；如果看到一个 1（即"01111110"），则一定是出错了，需要丢弃整个帧。在后一情形下，接收方必须等到下一个（"01111110"）出现才能再一次开始接收数据。采用 0 比特填充法就可以传送任意组合的比特流，或者说可以实现链路层的透明传输。

2）地址字段（A）

地址字段的内容取决于所采用的操作方式。在操作方式中，有主站、从站、组合站之分，每一个从站和组合站都被分配一个唯一的地址。命令帧中的地址字段携带的地址是对方的地址，而响应帧中的地址字段所携带的地址是本站的地址。某一地址也可分配给不止一个站，这种地址称为组地址，利用组地址传输的帧能被组内所有拥有该组地址的站接收，但当一个从站或组合站发送响应时，它仍应当用它唯一的地址。

还可以用全"1"地址来表示广播地址，含有广播地址的帧将传送给链路上所有的站。另外，还规定全"0"地址为无效地址，这种地址不分配给任何站，仅用作测试。

3）控制字段（C）

控制字段共 8 个比特，它也是最复杂的字段。控制字段用于构成各种命令和响应，以便对链路进行监视和控制。发送方主站或组合站利用控制字段来通知被寻址的从站或组合站执行约定的操作；相反，从站用该字段字作为对命令的响应，报告已完成的操作或状态的变化。

4）信息字段（I）

信息字段可以是任意的二进制比特串。比特串长度未做严格限定，其上限由 FCS 字段或站点的缓冲器容量确定，目前用得最较多的是 1000~2000 比特；而下限可以为 0，即无信息字段。但是，监控帧（S 帧）中规定不可有信息字段。

5）帧校验序列字段（FCS）

帧校验序列字段可以使用 16 位 CRC，对两个标志字段之间的整个帧的内容进行校验。

5.2.2 点到点 (PPP) 协议

PPP 协议是一个点到点的数据链路层协议，是 TCP/IP 网络中较为重要的点到点数据链路层协议。它是在串列线路互联网协定（SLIP）的基础上发展起来的。SLIP 协定和 HDLC 协议类似，是一种面向比特的数据链路层协议。由于 SLIP 协议存在只支持异步传输方式、无协商过程等缺陷，在后来的发展过程中，逐步被 PPP 协议所替代。

PPP 协议作为一种提供在点到点链路上传输、封装网络层数据包的数据链路层协议，处于 TCP/IP 协议栈的第二层，主要被设计用来在支持全双工的同异步链路上进行点到点之间的数据传输。PPP 协议是一个适用于通过调制解调器、点到点专线、HDLC 比特串行线路和其他物理层的多协议帧机制。它支持错误检测、选项商定、头部压缩等机制，在当今的网络中得到普遍的应用。

（1）PPP 协议组成

PPP 协议的主要特点如下所述：

① PPP 协议是数据链路层协议。

② 支持点到点的连接（不同于 X.25、帧中继等数据链路层协议）。

③ 物理层可以是同步电路或异步电路（如帧中继必须为同步电路）。

④ 具有各种网络核心协议（NCP），如网际协议控制协议（IPCP）、IPXCP 更好地支持了网络层协议。

⑤ 支持简单明了的验证，更好地保证了网络的安全性。

⑥ 易扩充。

⑦ PPP 协议是正式的 Internet 标准。

PPP 协议由于具有这些显著的优点，而被广泛地使用于如 PSTN/ISDN、DDN 等物理广域网甚至 SDH、SONET 等高速线路之上。下图描述了 PPP 协议的协议栈结构。

从图 5-3 中可以看出，PPP 协议主要由两类协议组成：

图 5-3　PPP 协议栈

1）链路控制协议族（LCP）

链路控制协议主要用于建立、拆除和协商 PPP 数据链路，主要完成对 MTU（最大传输单元）、质量协议、验证协议、魔术字、协议域、地址和控制域的协商。

2）网络层控制协议族（NCP）

网络层控制协议族主要用于协商在该数据链路上所传输的数据包的格式与类型，建立、配置不同网络层协议。

同时，PPP 还提供了用于网络安全方面的验证协议族（PAP 和 CHAP）。

目前 NCP 有 IPCP 和 IPXCP 两种。IPCP 用于在 LCP 上运行 IP 协议。IPXCP 用于在 LCP 上运行 IPX 协议。由于 IP 网络的广泛使用性，我们这里只介绍 IPCP。IPCP 主要有两个功能：其一是协商 IP 地址，其二是协商 IP 压缩协议。IP 地址协商主要用于 PPP 通信的双方中一侧给另一侧分配 IP 地址，IP 压缩协议主要是指是否采用 Van Jacobson 压缩协议。

（2）PPP 的帧格式

所有的 PPP 帧是以标准的 HDLC 标志字节（01111110）开始的，如果是用在信息字段上，就是所填充的字符。地址字段（A）总是设成二进制 11111111，表明主从端的状态都为接收状态。地址字段后面紧接着控制字段（C），其缺省值为 00000011，此值表明这是一个无序号帧。换而言之，在缺省配置下，PPP 没有采用序列号来进行可靠的传输。在有噪声的环境中，诸如无线网络中，则使用编号方式进行可靠的传输。

由于在缺省配置下，地址字段和控制字段总是常数，因此 LCP 为这两部分提供了必要的机制，商议出一种选项省略掉这两个字段，从而在每个帧上省出两个字节。

与 HDLC 不同，PPP 增加了协议字段（P），它的工作是告知在信息字段中使用的是哪类分组。

信息字段（I）是可以变长的，最多可达到所商定的最大值。如果线路设置时，使用 LCP，没有商定此长度，就使用缺省长度 1500 字节。如果需要的话，可以在有效内容后面增加填充字节。

在信息字段后面是校验字段，通常情况下是 2 个字节，但也可以为 4 字节的校验和。

5.2.3 帧中继（FR）协议

帧中继（FR）技术是在 X.25 分组交换技术的基础上发展起来的一种快速分组交换技术。主要工作在 OSI 参考模型的物理层和数据链路层，如图 5-4 所示。

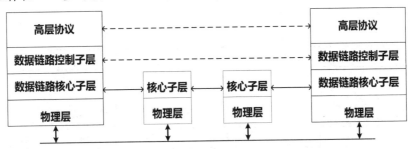

图 5-4　帧中继与 OSI 参考模型的对应关系

概括地讲，帧中继技术是在数据链路层用简化的方法和交换数据单元的快速分组交换技术。在通信线路质量不断提高、用户终端智能化不断提高的基础上，帧中继技术省去了 X.25 分组交换网中的差错控制和流量控制功能，这就意味着帧中继网在传送数据时可以使用更简单而高效。同时，帧中继采用虚电路技术（VCs），能充分利用网络资源，具有吞吐量高、延时低、适合突发性业务等特点。而且帧中继数据单元至少可以达 1600 字节，所以帧中继协议十分适合在广域网中连接局域网。如图 5-5 所示。

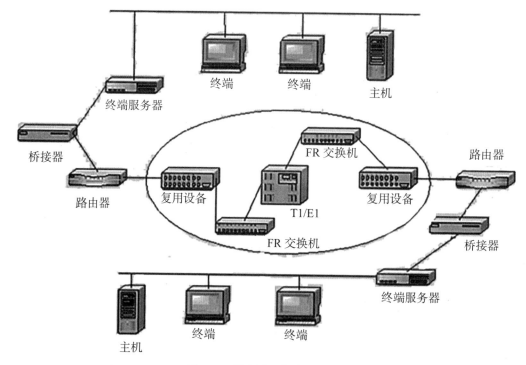

图 5-5　帧中继网络的组成

（1）帧中继的帧格式

帧中继采用可变长度的帧来封装不同 LAN 网（如以太网、令牌环、FDDI 等）的不同长度的数据包，其数据在网络中以帧为单位进行传送，帧结构中只有标志字段、地址字段、信息这段和帧校验序列字段，而不存在控制字段。如图 5-6 所示。

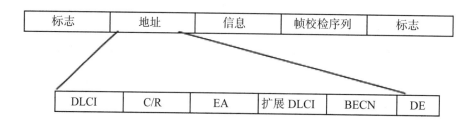

图 5-6　帧中继的帧格式

1）标志字段

标志字段是一个特殊的八比特组 01111110，它的作用是标志一帧的开始和结束。在地址标志之前的标志为开始标志，在帧校验列字段之后的标志为结束标志。

2）地址字段

地址字段主要用来区分同一通路上多个数据链路连接，以便实现帧的复用/分路。地址字段的长度一般为2个字节，必要时最多可扩展到4个字节。地址字段通常包括以下信息：

① 数据链路连接标识符（DLCI）。唯一标识一条虚电路的多比特字段，用于区分不同的帧中继连接。

② 命令/响应指示C/R。一个比特字段，指示该帧为命令帧或响应帧。在帧中继协议中，该位没有定义，并且透明地通过网络。

③ 扩展地址比特（EA）。一个比特字段，地址字段中的最后一个字节设为1，前面字节设为0。

④ 扩展的DLCI。

⑤ 前向拥塞指示比特（FECN）。一个比特字段，通知用户端网络在与发送该帧相同的方向正处于拥塞状态。假定但并不强制用户采取某种行为以减轻拥塞。

⑥ 后向拥塞指标比特（BECN）。一比特字段，通知用户端网络在发送该帧相反的方向正处于拥塞状态。假定但并不强制用户采取某种行为以减轻拥塞。

⑦ 优先丢弃比特（DE）。一个比特字段，用于指示在网络拥塞情况下可丢弃该信息帧。

3）信息字段

信息字段包含的是用户数据，它可以是任意的比特序列。它的长度必须是整数个字节，帧中继信息字节最大长度为262个字节。网络应能支持协商的信息字段的最大字节数至少为1600，以尽量减少用户设备分段和重组用户数据的需要。此字段的内容在网络上传输时不被改变，并且不被帧中继协议接受。

4）帧校验序列（FCS）

用于检测数据是否被正确地接受。此FCS作用于帧中除了标志与FCS本身的所有比特。在帧中继接入设备的发端及接收端都要进行CRC校验的计算。如果结果不一致，则丢弃该帧。当地址字段改变后，FCS必须要重新计算。

（2）帧中继的特性

帧中继技术主要用于传递数据业务，将数据信息以帧的形式进行传送。

帧中继传送数据使用的传输链路是逻辑连接，而不是物理连接，在一个物理连接上可以复用多个逻辑连接，可以实现带宽的复用和动态分配。

帧中继协议简化了x.25协议的第三层功能，使网络结点的处理大大简化，提高了网络对信息的处理效率。帧中继协议采用物理层和链路层的两级结构，在链路层也只保留了核心子集部分。

在链路层完成统计复用、帧透明传输和错误检测，但不提供发现错误后的重传操作。省去了帧编号、流量控制、应答和监视等机制，大大节省了交换机的开销，提高了网络吞吐量、降低了通信时延。一般帧中继用户的接入速率在64 kbps~2 Mbps。

交换单元一帧的信息长度比分组长度要长，预约的最大帧长度至少要达到1600字节/帧，适合封装局域网的数据单元。

提供一套合理的带宽管理和防止拥塞的机制，使用户有效地利用预约的带宽。还允许用户的突发数据占用未预定的带宽，以提高网络资源的利用率。

与分组交换一样，帧中继采用面向连接的交换技术。可以提供交换虚电路（SVC）和永久虚电路（PVC）业务，帧中继技术适用于以下2种情况：

① 当用户需要数据通信，其带宽要求为64 kbit/s~2 Mbit/s，而参与通信的各方面多于两个的时候使用帧中继是一种较好的解决方案。

② 当数据业务量为突发性时，由于帧中继具有动态分配带宽的功能，选用帧中继可以有效地处理突发性数据。

（3）帧中继的应用

帧中继比较典型的应用有两种：帧中继接入和帧中继交换。帧中继接入即作为用户端承载上层报文，接入到帧中继网络中。帧中继交换指在帧中继网络中，直接在链路层通过PVC交换转发用户的报文。

帧中继网络提供了用户设备（如路由器、桥、主机等）之间进行数据通信的能力，用户设备被称作数据终端设备（DTE）；为用户设备提供接入的设备，属于网络设备，被称为数据通信设备（即DCE）。DTE和DCE之间的接口被称为用户—网络接口（即UNI）；网络与网络之间的接口被称为网络—网络接口（即NNI）。帧中继网络可以是公用网络或某一企业的私有网络，也可以是直接连接。

（4）数据链路连接标识（DLCI）

帧中继协议是一种统计复用的协议，它在单一物理传输线路上能够提供多条虚电路。每条虚电路是用DLCI来标识的。虚电路是面向连接的，它将用户数据帧按顺序传送至目的地。从建立虚电路方式的不同，将帧中继虚电路分为两种类型：永久虚电路（PVC）和交换虚电路（SVC）。永久虚电路是指给用户提供固定的虚电路。这种虚电路是通过人工设定产生的，如果没有人为取消它，它一直是存在的。交换虚电路是指通过协议自动分配的虚电路，当本地设备需要与远端设备建立连接时，它先向帧中继交换机发出"建立虚电路请求"报文，帧中继交换机如果接受该请求，就为它分配一虚电路。在通信结束后，该虚电路可以被本地设备或交换机取消。也就是说这种虚电路的创建和删除不需要人工操作。现在帧中继中使用最多的方式是永久虚电路方式，即手工配置虚电路。它简单、高效和复用的特点，使之特别适合用于数据通信。

本地管理接口（LMI）协议用于建立和维护路由器和交换机之间的连接。LMI协议还用于维护虚电路，包括虚电路的建立、删除和状态改变。

DLCI用于标识每一个PVC。虚电路的DLCI只在本地接口有效，只具有本地意义，不具有全局有效性，即在帧中继网络中，不同的物理接口上，相同的DLCI并不表示是同一个虚连接。例如，在路由器串口 1 上配置一条 DLCI 为 100 的 PVC，尽管它们有相同的 DLCI，但并不是同一个虚连接。即在帧中继网络中，不同物理接口上相同的 DLCI 并不表示是同一个虚连接。

帧中继网络用户接口上最多可支持 1024 条虚电路，其中用户可用的 DLCI 范围是 16-1007，其余为协议保留，供特殊使用。如帧中继 LMI 协议占用 DLCI 为 0 和 1023 的 PVC，由于帧中继虚电路是面向连接的，因此本地不同的 DLCI 连接到不同的对端设备。

（5）帧中继地址映射

帧中继地址映射（MAP）是把对端设备的协议地址与连接对端设备的 DLCI 关联起来，以便高层协议使用对端设备的协议地址能够寻址到对端设备。帧中继主要用来承载 IP 协议，在发送 IP 报文时，根据路由表只能知道报文的下一跳地址，发送前必须由该地址确定它对应的 DLCI。这个过程可以通过查找帧中继地址映射表来完成，因为地址映射表中存放的是下一跳 IP 地址和下一跳对应的 DLCI 的映射关系。地址映射表可以由手工配置，也可以由反转位址解析协定（Inverse ARP）协议动态维护。路由器管理者通过配置 MAP 把这些可用的 DLCI 号映射到远端的网络层地址。例如，可以映射到对端路由器一个接口的 IP 地址。

帧中继支持子接口，在一个物理接口上可以定义多个子接口，子接口和主接口共同对应一个物理接口。子接口只是逻辑上的接口，在逻辑上与主接口的地位是平等的，在子接口上可以配置 IP 地址、DLCI 和 MAP。在同一个物理接口下的主接口和子接口不能指定相同的 DLCI，因为它们对应同一个物理接口，每个物理接口上的 DLCI 必须是唯一的。

5.2.4 异步传输模式（ATM）技术

（1）ATM 的基本概念

ATM 是一种面向连接的快速分组交换技术，它是通过建立虚电路来进行数据传输的。ATM 采用固定长度的数据包。每个 ATM 数据包称"信元"。固定长度的 ATM 信元具有以下的优点：

① 固定长度的信元使得联网和交换的排队延迟时间更容易预测。同时，较小的信元长度降低了交换结点内部缓冲器的容量，限制了信息在缓冲器的排除延迟。

② 与可变长度的数据包相比，ATM 信元更便于简单可靠地进行处理。

ATM 的信元头只包括 5 个字节，其功能要比普通的分组交换精简得多。信元头的功能十分有限，其主要功能是根据虚电路标志识别虚连接。这个标志在连接建立时产生，使用它可以很容易地将不同的虚连接复用到同一条链路上。传统分组交换中的大多数功能都被取消。这使得信元头的处理速度加快，有利于降低时延。

ATM 采用统计时分复用的方式进行数据传输。统计复用就是根据各种业务的统计特性，在保证业务质量要求的情况下，在各个业务之间动态地分配网络带宽，以达到最佳的资源利用率，这种方式可以解决 STM 中出现的浪费的问题。多条数据连接根据它们不同的传输特性复用到一条链路上。与同步时分复用 STM 不同，在 ATM 中，一个数据连接只在有数据要传输时才被分配时隙进行传输，没有数据需要传输时，则不占用带宽。因此，ATM 在处理实时传输时能发挥非常好的性能。在一般的复用机制中，各个输入带宽的总和应小于传输线路的总带宽，利用统计复用可能使输入带宽的总和大于总带宽，且仍保证各业务的质量，这是通过几方面的具体技术实现的。

（2）ATM 的分层结构

ISO 的 OSI 七层协议模型是众所周知的，它成功地将各种类型的通信系统抽象到统一的模型中，为网络的开发、建立和使用提供了参考，促进了网络的发展。国际电信联盟电信标准化部门（ITU-T）的 I.321 建议采用和 OSI 模型类似的逻辑层次结构设计 ATM B-ISDN 网。同时，这个模型还采用平面的概念来分离用户、控制和管理。

B-ISDN 的 ATM 协议模型，如表 5-1 所示。它包括三个平面：用户平面支持数据传送、流量控制、差错检测以及其他的用户功能；控制平面主要用于连接管理，包括对信令信息的管理；管理平面用来维护网络和执行操作功能。在每个平面中都采用了 OSI 的方法，各层相对独立。分为物理层、ATM 层、ATM 适配层（AAL）和高层。

表 5-1　ATM 网络参考模型图

AAL	CS	汇聚
	SAR	分段与重组
ATM 层		一般流量控制、信元头产生 / 提取 信元 VPI/VCI 翻译、信元复用和分路
物理层	TC	信元速率匹配、HEC 产生 / 验证 信元定界、传输帧适配 传输帧产生 / 恢复
	PMD	比特定时、物理媒体

物理层主要讨论物理媒体的问题，如电压、比特定时、信元头以及信元速率匹配等问题，其功能相当于 OSI 七层模型中的物理层和数据链路层。

ATM 层主要讨论信元及其传输，它定义了信元格式、虚连接的建立和拆除以及路由选择等，信元的拥

塞控制也是在这里定义的，它的功能相当于 OSI 参考模型中的网络层。ALL 层能为高层应用提供信元分割和会聚功能，将业务转变成 ATM 信元流。

这些层又一步分为子层，每个子层执行特定的功能。ATM 协议模型中各层和相应于层的功能及其与 OSI 七层模型的对应关系，见表 5-2。

表 5-2　ATM 模型中各层和相应子层的功能

ATM 的层次	ATM 中的子层	功能	对应的 OSI 层次
AAL	会聚子层（CS） 拆装子层（SAR）	为高层应用提供统一接口（会聚）	3 或 4
ATM		分割和组装信元 虚通道和虚通路管理信元头的生成和去除， 信元复用和交换，流量控制	2 或 3
物理层	传输会聚子层（TC）	信元速率匹配，信元头验证，传输帧适配	2
	物理媒体子层（PMD）	比特定时，物理网络接入	1

1）ATM 高层及其服务

ATM 高层实际上指高层与业务相关的功能。高层与业务密切相关，ITU-T 定义了 ATM 网络业务分类，见表 5-3。网络业务可以分为 A、B、C 和 D 四类，每一类分别对应不同的网络业务，其中包括定时、比特率及连接模式。

表 5-3　网络业务的分类

服务类型	A 类	B 类	C 类	D 类
端到端定时	要求		不要求	
比特率	恒定	可变		
连接模式	面向连接			无连接

下面讨论 ATM 高层的各种服务。根据 ATM4-0 版，ATM 支持的服务主要包括如下几类：

① CBR（恒定比特率）。这类服务主要用来模拟电路交换，如 T1 电路等。比特以恒定的速率从一端传到另一端。传输过程中没有错误检测、流量控制或其他操作。

② VBR（可变比特率）。这类服务分为两个子类，分别称为 RT-VBR（实时可变比特率）和 NRT-VBR（非实时可变比特率）。RT-VBR 主要用来提供具有严格实时要求的可变比特率服务，如实时视频会议等。在这类服务中，ATM 网络不能在信元的传输中引入波动，因为这会引起显示的抖动。

③ ABR（可用比特率）。这类服务主要是为带宽并不确定的突发式的通信设计的。如当用户使用 Web 浏览器来查询信息时，便使用这类服务。这时，用户对带宽的需要是不确定的。当用户在访问数据量断续的主页和用户正在阅读当前主页时，所需带宽很少或几乎为零；而当用户下载图像密集的主页时，所需带宽会猛增。使用 ABR 服务，可以使用户避免长时间申请一个固定带宽。例如，用户可以将虚连接指定为在通常状况下，带宽为 2 Mbps，但带宽可以升高为 10 Mbps。在 ABR 服务中，当网络发生阻塞时，会向信息发送者返回消息来请求减缓发送。ABR 服务是唯一具有这种反馈机制的服务类型。

④ UBR（不定比特率）。这类服务不对用户作出任何承诺，同时也不对网络阻塞作出任何反馈。用它来传送 IP 包是非常合适的。当网络发生拥塞时，UBR 信元将被丢弃，网络不会向发送者返回任何反馈信息。文件传递、电子邮件以及公告牌等服务使用 UBR 是完全可以的。上述服务类型的性能，见表 5-4。

表 5-4　各类服务的性能

	CBR	RT-VBR	NRT-VBR	ABR	UBR
带宽保证	√	√	√	可选择	×
实时数据流	√	√	×	×	×
突发数据流	×	×	√	√	√
拥挤反馈	×	×	×	√	×

2)ATM 适配层

ATM 适配层（AAL）负责处理从高层应用来的信息，其在发送方，负责将从用户应用传来的数据包分割成为固定长度的 ATM 有效负载（48 字节）；其在接收方，负责将 ATM 信元的有效负载重组成为用户数据包，传递给高层应用。

虽然 ALL 层的功能与 OSI 参考模型中的传输层的功能是存在差别的，但 AAL 层位于具有网络功能的 ATM 层之上，并具有一些类似传输层的功能，我们可以将其与传输层对应起来。

为了适应不同业务类型的需要，ITU-T 定义了 4 类 AAL：AAL1、AAL2、AAL3/4、AAL5。

①AAL1 规程用于支持 A 类业务。

②AAL2 规程用于支持 B 类业务，适用于时延敏感的低速传送或可变长度的短分组的传送。

③AAL3 与 AAL4 原来是分开的，后来合并为一类：AAL3/4，用来支持 C/D 两类业务，即包括面向连接与无连接的数据业务。

④AAL5 可以看作简化的 AAL3/4，用来支持面向连接的 C 类业务（如帧中继），传送大的数据分组时效率较高，ATM 网络信令也采用 AAL5。

表 5-5 给出了 AAL 各层所支持的业务类型。

表 5-5　AAL 各层所支持的业务类型

业务特性	A 类	B 类	C 类	D 类
源与终点之间的定时关系	需要		不需要	
比特率	固定	可变		
连接方式	面向连接			无连接
ATM 适配层	AAL1	AAL2	AAL5、AAL3/4	AAL3/4

从功能上，AAL 分为两个子层：会聚子层（CS）和拆装子层（SAR）。CS 子层是与业务相关的，它负责为来自用户平面的信息（如 IP 包）作分割准备，以使 CS 子层能将这些信息再拼成原样。CS 子层将一些控制信息——子网头或尾附加到从上层传来的用户信息上，一起放在信元的有效负载中。SAR 子层的主要功能是将来自 CS 子层的数据包（CS—PDU）分割成 44~48 字节的信元有效负载，并将 SAR 子层的少量控制信息（如果有）作为头、尾附加其上，将其重组为 SAR-PDU。此外，在某些服务类型中，SAR 或 /CS 子层可以为空。

3）ATM 层

ATM 层是 ATM 网络的核心。它为 ATM 网络中的用户和用户应用提供一套公共的传输服务。ATM 层提供的基本服务是完成 ATM 网上用户和设备之间的信息传输。其功能可以通过 ATM 信元头中的字段来体现，主要有：信元头生成和去除、一般流量控制、连接的分配和取消、信元复用和交换、网络阻塞控制、汇集信元到物理接口以及从物理接口分检信元等。

ATM 层接收到 AAL 层提供的信元载体后，必须为其加上信元头以生成信元，这样信元才可以成功地在 ATM 网络上进行传输。相反，当 ATM 层将信元载体向高层 AAL 层传输时，必须去除信元头。信元载体提交给 AAL 层后，ATM 层也将信元头信息提交给 AAL 层。所提交的信息包括用户信元类型、接收优先级以及阻塞指示。

ATM 网络在用户—网络接口（UNI）上的信元头结构，如图 5-7（a）所示，在网络—网络接口（NNI）上的信元头结构，如图 5-7（b）所示。

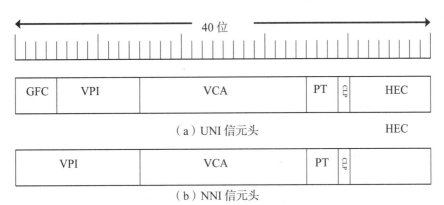

GFC：通用流量控制　　　　PTI：有效载荷类型
VPI：虚通路标示符　　　　CLP：信元丢弃优先权
VCI：虚通路标示符　　　　HEC：信元错误校检

图 5-7　ATM 信元头的结构

信元头中的 GFC 字段的功能被定义成用来提供 UNI 接口上的流量控制，以减轻网络中可能出现的瞬间业务量过载。从信元头结构中我们可以看到，该字段只在 UNI 接口的信元头中出现，即在主机和网络之间起作用，而在 NNI 接口的信元头中，则没有 GFC 字段。

ATM 层提供 CLP 字段进行阻塞控制，以保证一定的业务质量。CLP 标识信元的两种优先级，CLP = 1 为低优先级，CLP = 0 为高优先级。当网络阻塞时，首先丢弃低优先级的信元，这样可以在一定的情况下保证业务质量。

信元的复用和交换主要通过信元头中 VPI 和 VCI 来实现。通过复用在一条传输链路上的不同虚连接进行传输的信息是通过 VPI/VCI 来区分的。信元交换、路径选择是 ATM 交换机和交叉连接设备根据连接映像表对 VPI 和 VCI 进行交换实现的。连接映像表在虚连接被建立时，由信令过程创建。

由 3 bit 组成的 PTI 用来区分信元类型：是用户数据信元，还是系统内作为维护和控制的信元。

4）ATM 的物理层

ATM 物理层分为与媒体有关的物理媒体子层（PMD）和传输聚合子层（TC）。PMD 子层的作用是在适当的物理媒体上正确地发送和接收比特以及提供比特在物理媒体上的传输。它的作用类似于 OSI 七层模型中的物理层。

ATM 并没有对传递比特的形式进行标准化。在 ATM 中，除了可以通过信元的方式传送比特外，还可以将信元包含在 T1 网络、T3 网络、SONET（同步光纤网络）或 FDDI 的帧中进行传送，在最初的 ATM 标准中，传输的基本速率是 155~52 Mbps，还可以达到 622.08 Mbps、2488.32 Mbps 等。这个速率是与美国通信公司开发的同步光纤网 SONET 一致的。当信元在 T3 媒体上传输时，速率为 44~736 Mbps，在 FDDI 上传输时，速率为 100 Mbps。

ATM 物理层的传输媒体可以是光纤，当在 100 米以内运转时，5 类双绞线也是可用的。使用光纤可以覆盖数千米。光纤或双绞线连接都是在主机和交换机之间以及交换机与交换机之间进行的。

TC 子层的作用是为其上层的 ATM 层提供一个统一的接口。在发送方，它从 ATM 层接收信元，组装成特定的形式（如信元、SONET 数据帧、FDDI 数据帧等）以使其在物理媒体子层传输。在接收方，TC 从来自 PM 子层的比特或字节流中提取信元，验证信元头，并将有效信元传递给 ATM 层，TC 子层具有 OSI 模型中数据链路层的功能。下面对 TC 子层的功能进行简要的描述。

（3）ATM 的局域网仿真技术

1）传统局域网与 ATM 网络

ATM 有许多诱人的特点。但是由于 ATM 与传统局域网相冲突的许多特性，使得它与传统局域网的互操作的能力成为 ATM 成功的关键。因为用户是不情愿放弃传统局域网上的大量资源的，许多网络管理人员和网络厂商一开始就探讨将它们现有的网络资源向 ATM 移植的好处和困难。

使现有的大量局域网（包括以太网 IEEE802.3 和令牌环网 IEEE802.5）上的应用能够在 ATM 上继续使用，以实现现有局域网和 ATM 之间的互操作性，关键的问题是在现有局域网和 ATM 网上使用相同的协议，如 IP 和 IPX。

在 ATM 上实现网络层协议有两种方法。一种方法称为传统方式，就是在 ATM 上直接支持网络层协议，如 IP 和 IPX，使用地址解析机制将网络层地址直接映射成 ATM 地址，这样网络层的信息包就可以通过 ATM 网络进行传送（例如 IPOA）。另一种方法就是局域网仿真。

传统局域网与 ATM 提供的服务有如下区别：

① ATM 采用面向连接的点对点的通道复用方式传输数据；而传统局域网是以非连接方式传输数据的。

② 由于传统局域网是共享媒体的，所以比较容易实现广播或组播通信；而 ATM 则要

采用较复杂的技术来实现。

③ 传统局域网以不定长度的帧为单位来传输数据；而 ATM 则采用固定长度信元，每个信元只有 53 字节。

2）局域网仿真（LANE）

在局域网仿真方面，ATM 论坛已经制定了局域网仿真标准。

从它的名字我们就可以了解到，局域网仿真协议的功能是在 ATM 网络上仿真传统局域网。局域网仿真协议包括对以太网 IEEE802.3 和令牌环网 IEEE80.25 的仿真。

① ATM 局域网仿真的内容：

在 ATM 上所需仿真的局域网特性如下：

无连接服务。传统局域网站点不需要建立连接就可以传送数据，局域网仿真要为参与仿真的站点提供类似的无连接服务。

组播服务。局域网仿真服务要支持组播 MAC 地址的使用。

ATM 站点中的 MAC 驱动器接口。局域网仿真的主要目的是使已有的局域网上的应用能够通过传统协议栈，如 IP、IPX 等访问 ATM 网络，就像它们在传统局域网上运行一样。由于传统局域网上的这些协议栈都运行在标准的 MAC 驱动器接口上，局域网仿真服务就提供相同的 MAC 驱动器服务原语，以保证网络层协议不需经过修改就能运行。

仿真局域网（ELAN）。在有些环境中，可能需要在一个网络中配置多个分开的域。从这种需要出发便产生了"仿真局域网"的概念。仿真局域网由一组 ATM 附属设备组成，这组设备的逻辑与以太网 IEEE802.3 和令牌环网 IEEE802.5 的局域网网段类似。在一个 ATM 网络中可以有多个仿真局域网，终端设备属于哪个仿真局域网与它的物理位置无关。一个终端设备可以同时属于多个仿真局域网。同一个 ATM 网络中的多个仿真局域网在逻辑上是相互独立的。

与传统局域网的互联。局域网仿真不仅提供与 ATM 站点的连接，而且提供与传统局域网站点的连接，因此不仅包括 ATM 站点与 LAN 站点，同时还包括 LAN 站点通过 ATM 站点与 LAN 站点的连接。在这种 MAC 层的局域网仿真中仍然可以采用传统的桥接方法。

② 局域网仿真的协议结构：

ATM 域网仿真 LANE 位于 AAL 层的上面，用于 LANE 的 AAL 协议是 AAL5。在网络边缘设备 ATM 到 LAN 交换器中，LANE 为所有协议解决数据联网问题，其办法是把 MAC 层的 LAN 地址和 ATM 地址桥接起来。LANE 完全独立于其上层的协议、服务和应用软件。

由于 LAN 仿真过程发生在边缘设备和终端系统上，所以对于 ATM 网、以太网和令牌环网的主机来说，它是完全透明的。LAN 仿真把基于 MAC 地址的数据联网协议变成 ATM 虚连接，这样 ATM 网络的作用和表现就像无连接的 LAN 一样。

局域网仿真协议的最基本的功能就是将 MAC 地址解析为 ATM 地址。通过这种地址映射，它才能完成 ATM 上的 MAC 桥接协议，从而使 ATM 交换机更好地完成 LAN 交换器的功能。LANE 的目的就是完成这种地址映射，确保 LANE 站点之间能够建立连接并传送数据。

第 6 章　网络互联

网络层是 OSI 参考模型的第 3 层，主要负责为网络上的不同主机提供通信，其基本任务包括路由选择、拥塞控制与网络互联等功能。

本章基本要求：了解网络层的功能；理解 IP 地址定义和分类；运用 IP 地址划分子网；理解路由和路由协议的概念；描述 ARP、RARP、ICMP 和 IGMP 协议的功能；配置静态路由与动态路由。

6.1　互联网与因特网

6.1.1 虚拟互联网络

将网络互相连接起来要使用一些中间设备，即中继系统。根据所在层次，可以划分出五种中继系统：

① 物理层中继系统，即转发器。

② 数据链路层中继系统，即网桥。

③ 网络层中继系统，即路由器。

④ 网桥和路由器的混合物桥路器。

⑤ 网络层以上的中继系统，即网关。

因特网在 IP 层采用了标准化协议。如图 6-1 所示，有许多计算机网络通过若干路由器进行互连。由于参加互连的计算机都采用相同的网际协议——IP 协议，因此可以将互连以后的计算机网络看成一个虚拟互联网络。虚拟互联网络也就是逻辑互联网络，它的意思是互连起来的各种物理网络的异构性本来是客观存在的，但是利用 IP 协议就可以使这些性能各异的网络从用户看起来好像是一个统一的网络。这样当互联网上的主机进行通信时，就好像在一个网络上通信，它们看不见互连的每个具体的网络的异构细节，如不同的寻址方案、不同的最大分组长度、不同的网络接入机制、不同的超时控制、不同的路由选择技术等。

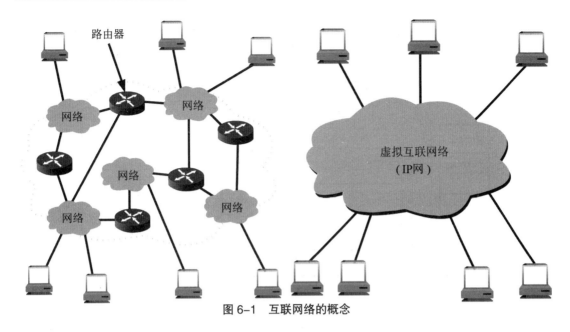

图6-1 互联网络的概念

我们要区分 Internet 与 internet 的概念。

internet（i 为小写）：互联网，是一个通用名词，泛指由多个计算机互连而成的虚拟网络。

Internet（I 为大写）：因特网，是一个专用名词，指当前全球最大的、开放的、由众多网络互相连接而成的特定的计算机网络，它采用 TCP/IP 协议族，且其前身是美国的 ARPAnet。

6.1.2 IP 互联网的工作机理

如果说 IP 数据报是 IP 互联网中行驶的车辆，那么 IP 协议就是 IP 互联网中的交通规则。连入互联网的每台计算机及处于十字路口的路由器都必须熟知并遵守交通规则。发送数据的主机需要按 IP 协议装载数据，路由器需要按 IP 协议指挥交通，接收数据的主机需要按 IP 协议拆卸数据。这样，满载数据的 IP 数据包从源主机出发，在沿途各个路由器的指挥下，可以顺利到达目的主机。

我们通过一个简单的互联网示意图来说明互联网的工作机理。如图6-2所示，该互联网包含了两个以太网和一个广域网，其中主机 A 与以太网 1 相连，主机 B 与以太网 2 相连，两台路由器除了分别连接两个以太网外还与广域网相连。主机 A、B 和路由器 X、Y 都有 IP 层并运行 IP 协议。由于 IP 层具有将数据单元从一个网络转发到另一个网络的功能，因此互联网上的数据都可以进行跨网传输。

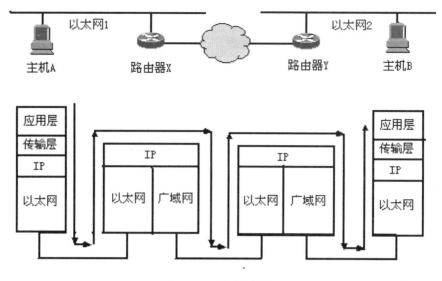

图6-2 互联网示意图

如果主机 A 给主机 B 发送数据，IP 互联网封装、处理和投递该信息的过程如下：

主机 A 的应用层形成要发送数据并将该数据经传输层送到 IP 层处理；

主机 A 的 IP 层将该数据封装成 IP 数据报，并对该数据报进行路由选择，最终决定将它投递给路由器 X；

主机 A 把 IP 数据报送交给它的以太网控制程序，以太网控制程序负责将数据报传递到路由器 X；

路由器 X 的以太网控制程序收到主机 A 发送的信息后，将该信息送到它的 IP 层处理；

路由器 X 的 IP 层对该 IP 数据报进行拆封和处理，经过路由选择得知该数据必须穿越广域网才能到达目的地址；

路由器 X 对数据进行再次封装，并将封装后的数据送交到它的广域网控制程序；

广域网控制程序将 IP 数据报从路由器 X 传递到路由器 Y；

路由器 Y 的广域网控制程序将收到的数据信息提交给它的 IP 层处理；

与路由器 X 相同，路由器 Y 对收到的数据进行拆封并进行处理。通过路由选择得知，路由器 Y 与目的主机处于同一以太网，可直接投递到达；

路由器 Y 再次把数据封装成 IP 数据报，将其转交给自己的以太网控制程序；

以太网控制程序负责把 IP 数据报由路由器 Y 传送到主机 B；

主机 B 的以太网控制程序将收到的数据送交给它的 IP 层处理；

主机的 IP 层拆封和处理该 IP 数据报，在确定数据目的地为本机后，将数据经传输层提交给应用层。

6.2 IP 地址

网际协议 IP 协议是 TCP/IP 体系中两个最主要的协议之一。与 IP 协议配套使用的还有四个协议，即地址解析协议 (ARP)、逆地址解析协议 (RARP)、因特网控制报文协议 (ICMP)、因特网组管理协议 (IGMP)。

图 6-3 画出了这四个协议与 IP 协议的关系。在这一层中，ARP 和 RARP 画在下部，因为 IP 协议要经常使用这两个协议；ICMP 与 IGMP 画在上部，因为它们要使用 IP 协议。这四个协议在后续的内容中会继续学习。图 6-3 中 Telnet 协议是 TCP/IP 协议族中的一员，是 Internet 远程登录服务的标准协议和主要方式。FTP 是文件传输协议的英文简称，用于 Internet 控制文件的双向传输。SMTP 是一种提供可靠且有效的电子邮件传输的协议。SMTP 是建立在 FTP 文件传输服务上的一种邮件服务，主要用于系统之间的邮件信息传递，并提供有关来信的通知。TCP（传输控制协议）是一种面向连接的、可靠的、基于字节流的传输层通信协议。UDP（用户数据报协议）为应用程序提供了一种无须建立连接就可以发送封装的 IP 数据包的方法。Token Ring（令牌环网）是一种 LAN 协议，通过围绕环的令牌信息授予工作站传输权限。

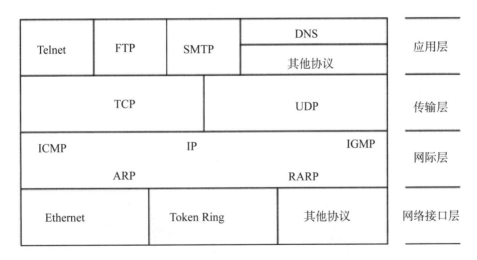

图 6-3 IP 协议及其配套协议关系图

6.2.1 分类的 IP 地址

Internet 上基于 TCP/IP 的网络中的每台设备既有逻辑地址（即 IP 地址），也有物理地址（即 MAC 地址）。物理地址和逻辑地址都是唯一标识一个结点的。MAC 地址是设备生产厂商固化在硬件内部或网卡上的。MAC 地址工作在 OSI 参考模型的数据链路层以下，逻辑地址工作在网络层以上。逻辑地址与物理地址的关系如图 6-4 所示。

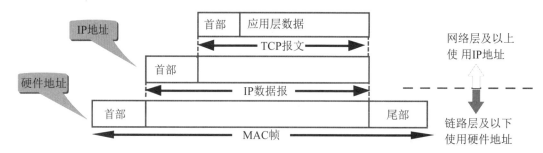

图 6-4　IP 地址与硬件地址关系

为什么网络设备已经有了一个物理地址，还需要一个逻辑地址呢？

首先，每个设备支持不同的物理地址，如果相互连接进行通信就会出现问题。比如，我们在交谈时，需要使用同一种语言，不然就会出现问题。IP 地址就是互联设备的语言，它屏蔽了具体的硬件差别，独立于数据链路层。

其次，硬件地址是按照厂商设备编号的，而不是拥有它的组织来给它编号。将高效的路由方案建立在设备制造商基础上，而不是网络所处的位置上，是不可行的。IP 地址的分配是基于网络拓扑结构，而不是谁制造了设备。

最后，当存在一个附加层的地址寻址时，设备更易于移动和维修。如果一个网卡坏了，可以被更换，不需要取得一个新的 IP 地址；如果一个结点从一个网络移动到另一个网络，可以给它分配一个新的 IP 地址，而无须换一个新的网卡。IP 地址和 MAC 地址的关系，如图 6-5 所示。

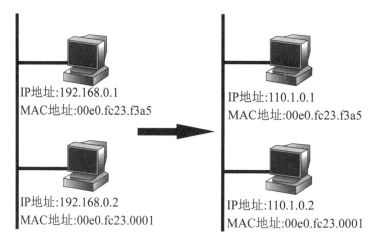

图 6-5　IP 地址和 MAC 地址区别

（1）IP 地址的结构

IP 地址是 32 位的二进制数。每个 IP 地址被分为两部分，网络号部分称为网络 ID，主机号部分称为主机 ID。如图 6-6 所示。

图6-6 IP 地址

如同我们日常使用的电话号码，在 86-0415-3853001 这个号码中，86 是国家代码，0415 是城市区号，3853001 则是那个城市中具体的电话号码。IP 地址的原理与此类似。使用这种层次结构，易于实现路由选择，易于管理和维护。

（2）IP 地址的表示方法

在计算机内部，IP 地址是用二进制数表示的，共 32 bit。

例如：11000000　10101000　00000101　00001000

这种表示方法对于用户来说是很不方便记忆的。通常把 32 位的 IP 地址分成 4 段，每 8 位为一组，分别转换成十进制数，使用点隔开，我们将这种表示方法称为点分十进制记法。

上例的 IP 地址使用点分十进制记法为 192.168.5.8，如图 6-7 所示。

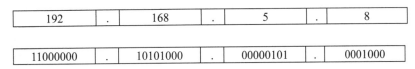

图6-7 点分十进制表示方法

（3）IP 地址的分类

我们知道 IP 地址是由 32 位的二进制组成，分为网络号字段与主机号字段，那么在这 3 位中，哪些代表网络号，哪些代表主机号？这个问题很重要，因为网络号字段决定整个互联网中能包含多少个网络，主机号长度决定网络能容纳多少台主机。

为了适应各种网络规模的不同，IP 协议将 IP 地址分成 A、B、C、D、E 五类，如图 6-8 所示。

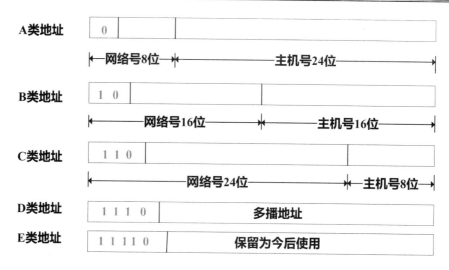

图 6-8　五类 IP 地址

A 类地址的网络号占一个字节,第一个比特已经固定为 0,所以只有 7 个比特可供使用。网络地址的范围是 00000001~01111110,即十进制的 1~126,全 0 的 IP 地址是一个保留地址,表示"本网络";全 1 的 IP 地址,即 127,是保留作为本地软件回环测试本主机之用的,A 类地址可用的网络数为 2^7-2,即 126。主机号字段占 3 个字节,24 比特,每一个 A 类网络中的最大主机数是 $2^{24}-2$,即 16777214。减 2 的原因是全 0 的主机号字段表示该 IP 地址是"本主机"所连接到的单个网络地址,全 1 的主机号字段表示该网络上的所有主机。A 类地址适合大型网络。

B 类地址的网络号占两个字节,24 比特,前 2 个比特已经固定为 10。网络地址的范围是 128.0~191.255,B 类地址可用的网络数为 2^{14},即 16384。因为前 2 个比特已经固定为 10,所以不存在全 0 和全 1。主机号字段占 2 个字节,16 比特,每一个 B 类网络中的最大主机数是 $2^{16}-2$,即 65534,减 2 的原因是全 0 的主机号字段表示该 IP 地址是"本主机"所连接到的单个网络地址,全 1 的主机号字段表示该网络上的所有主机。B 类地址适合中型网络。

C 类地址的网络号占三个字节,前 3 个比特已经固定为 110。网络地址的范围是 192.0.0~223.255.255,C 类地址可用的网络数为 2^{21} 个,即 2097152 个。因为前 3 个比特已经固定为 110,所以也不存在全 0 和全 1。主机号字段占 1 个字节,8 比特,每一个 C 类网络中的最大主机数是 2^8-2,即 254,减 2 的原因是全 0 的主机号字段表示该 IP 地址是"本主机"所连接到的单个网络地址,全 1 的主机号字段表示该网络上的所有主机。C 类地址适合小型网络。

D 类地址前 4 个比特固定为 1110,是一个多播地址。可以通过多播地址将数据发给多个主机。

E 类地址前 5 个比特固定为 11110,保留为今后使用。E 类地址并不分配给用户使用。

A、B、C 类地址常用,D 类与 E 类地址很少使用,这样我们可以给出 A、B、C 三类地址可以容纳的网络数与主机数，如表 6-1 所示。

表 6-1　A、B、C 三类 IP 地址可以容纳的网络数与主机数

类别	第一个可用的网络号	最后一个可用的网络号	最大网络数	最大主机数	使用的网络规模
A	1	126	126（2^7-2）	16777214（2^{24}-2）	大型网络
B	128.0	191.255	16384（2^{14}）	65534（2^{16}-2）	中型网络
C	192.0.0	223.255.255	2097152（2^{21}）	254（2^8-2）	小型网络

我们用表 6-2 说明特殊用途的 IP 地址。

表 6-2　特殊 IP 地址用途

网络号字段	主机号字段	源地址使用	目的地使用	地址类型	用途
net-id	全 "0"	不可以	可以	网络地址	代表一个网段
127	任何数	可以	不可以	回环地址	回环测试
net-id	全 "1"	不可以	可以	广播地址	特定网段的所有地址
全 "0"		可以	不可以	网络地址	在本网络上的本主机
全 "1"		不可以	可以	广播地址	本网段所有主机

6.2.2 编址实例

我们已经明确了 IP 地址的知识，现在利用一个具体网络实例来说明 IP 地址的具体应用，即在组网过程中如何分配 IP 地址。

要求：一个单位有 4 个物理网络，其中一个物理网络为中型网络，3 个物理网络为小型网络，现在通过路由器将这 4 个网络组成专用的 IP 互联网。

解析：在具体为每台计算机分配 IP 地址之前，需要按照每个物理网络的规模为它们选择 IP 地址类别。小型网络选择 C 类地址，中型网络选择 B 类地址，大型网络选择 A 类地址。在实际应用中，由于一般物理网络的主机数不会超过 6 万台，因此 A 类地址很少用到。

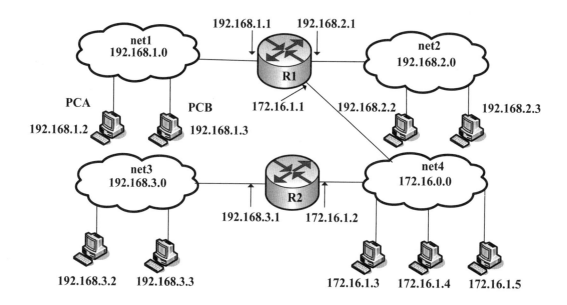

图 6-9　IP 编址实例

在为互联网上的主机和路由器分配具体的 IP 地址时需要注意：

① 连接到同一网络中所有主机的 IP 地址共享同一网络号。如图 6-9 中，计算机 A 和计算机 B 都接入了 net1，由于 net1 的网络地址是 192.168.1.0，所以计算机 A 和 B 的网络地址都是 192.168.1.0。

② 路由器用于连接多个物理网络，所以应该具有至少 2 个以上的网络接口。每个接口拥有自己的 IP 地址，而且该 IP 地址的网络号应该与其连接的物理网络的网络号相同。路由器 R1 分别连接 192.168.1.0、192.168.2.0 和 172.16.0.0 三个网络，因此该路由器被分配为 3 个不同的 IP 地址，分别是 192.168.1.1、192.168.2.1 和 172.16.1.1，分别属于所连接的 3 个网络。

6.2.3 子网的划分

（1）划分子网的原因

在 IP 地址规划时，常常会遇到这样的问题：一个企业或公司由于网络规模增加、网络冲突增加或吞吐性能下降等多种原因，需要对内部网络进行分段。而根据 IP 网络的特点，需要为不同的网段分配不同的网络号，于是当分段数量不断增加时，对 IP 地址资源的需求也随之增加。即使不考虑是否能申请到所需的 IP 资源，要对大量具有不同网络号的网络进行管理也是一件非常复杂的事情，至少要将所有这些网络号对外网公布。更何况随着 Internet 规模的增大，32 位的 IP 地址空间已出现了严重的资源紧缺。

为了解决 IP 地址资源短缺的问题，也为了提高 IP 地址资源的利用率，引入了子网划分技术。

（2）子网划分的方法

子网划分是指由网络管理员将一个给定的网络分为若干个更小的部分，这些更小的部分被称为子网。当网络中的主机总数未超出所给定的某类网络可容纳的最大主机数，但内部又要划分成若干个分段进行管理时，就可以采用子网划分的方法。为了创建子网，网络管理员需要从原有 IP 地址的主机位中借出连续的若干高位作为子网络标识，如图6-10所示。

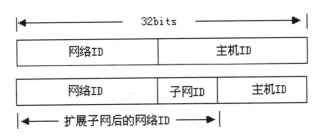

图 6-10　主机 ID 划分为子网 ID 和主机 ID

经过划分后的子网因为其主机数量减少，已经不需要原来那么多位作为主机标识了，从而可以将这些多余的主机位用作子网标识。

划分子网是一个单位内部的事情，本单位以外的网络看不见这个网络有多少个子网。当有数据到达该网络时，路由器将 IP 地址与子网掩码进行"与"运算，得到该网络 ID 和子网 ID，看它是发往哪个子网的数据，一旦找到匹配对象，路由器就知道该使用哪一个接口，以向目的主机发送数据，如图6-11所示。

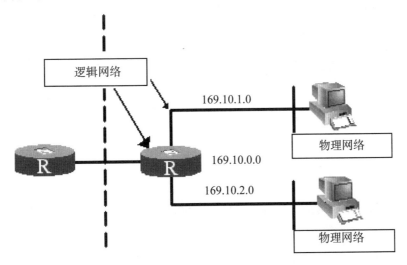

图 6-11　划分子网后的情况

（3）子网掩码

随着子网的出现，不再是按照标准地址类 (A 类、B 类 、C 类等) 来决定 IP 地址中的网络 ID，这时就需要一个新的值来定义 IP 地址中哪部分是网络 ID，哪部分是主机 ID。子网掩码应运而生。简单地说，子网掩码的作用就是确定 IP 地址中哪一部分是网络 ID，哪一部分是主机 ID。

子网掩码的格式同 IP 地址一样，是 32 位的二进制数，由连续的 "1" 和连续的 "0" 组成。为了理解的方便，也采用点分十进制数表示。A 类、B 类、C 类都有自己缺省的子网掩码，图 6-12 列出了标准类的缺省子网掩码。

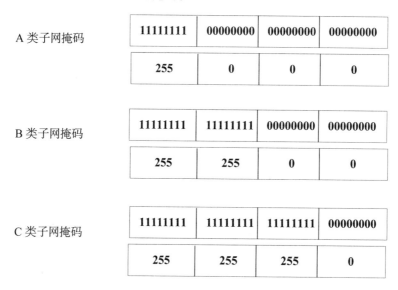

图 6-12　缺省子网掩码

在这里，我们特别应该注意的是，一定要把 IP 地址的类别与子网掩码的关系分清楚。例如，有一个 IP 地址为 2.1.1.1，子网掩码为 255.255.255.0，这是一个什么类的 IP 地址？有很多缺乏工程经验的技术人员会误认为它是一个 C 类的地址，正确答案是 A 类地址。为什么呢？我们前面在解释分类的时候，用的标准只有一个，那就是看第一个八位数组（这里是 2）是在哪一个范围，而不是看子网掩码。在这一例子中，子网掩码为 255.255.255.0，表示为这个 A 类地址借用了主机 ID 中的 16 位作为子网 ID。如图 6-13 所示。

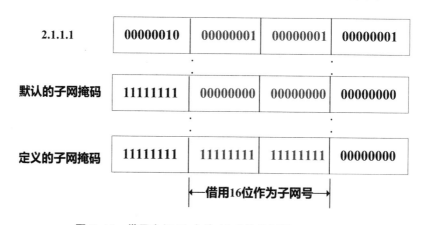

图 6-13　借用主机 ID 中的 16 位作为子网 ID

习惯上，我们有两种方式来表示一个子网掩码。一种就是用点分十进制表示：如

255.255.255.0；另一种就是用子网掩码中"1"的位数来标记。因为在进行网络 ID 和主机 ID 划分时，网络 ID 总是从高位字符以连续方式选取的，所以可以用一种简便方式表示子网掩码。

例如，A 类默认子网掩码表示为 255.0.0.0，也可以表示为 /8；B 类默认子网掩码可以表示为 /16；C 类默认子网掩码可以表示为 /24；172.168.0.0/16 就表示它的子网掩码为 255.255.0.0。

前面提到 IP 地址和子网掩码进行"与（AND）"运算，从而判断该地址所指示的网络 ID。这个"与（AND）"运算是一种布尔代数运算。IP 地址子网掩码进行布尔"与（AND）"运算得出的结果即为网络 ID，如图 6-14 所示。

IP 地址 AND 子网掩码 = 网络 ID

运算	结果
1 AND 1	1
1 AND 0	0
0 AND 1	0
0 AND 0	0

图 6-14 划分子网后的网络 ID

在逻辑"与"操作中，只有在相"与"的两位都为"真"时结果才为"真"，其他情况时结果都是"假"。把这个规则应用于 IP 地址与子网掩码相对应的位，相"与"的两位都是"1"时结果才是"1"，其他情况时结果就是"0"。

事实上，子网掩码就像一条一截透明、一截不透明的纸条，将纸条放在同样长度的 IP 地址上，就可以透过透明的部分看到网络 ID。我们通过子网掩码来划分一个网络中包含多少个子网，当设置好子网掩码后，它可以帮助计算机理解网络规划的意图。

例如，网络 A 中，主机 A0 的 IP 地址为 255.36.25.183，子网掩码为 255.255.255.240。其中网络 A 的网络 ID 是多少？要获得结果，需要把两个数字都转换成二进制等价形式后并列在一起，然后，对每一位进行"与"操作，即可得到结果。32 位 IP 地址和子网掩码按位逻辑"与"的结果为 255.36.25.176，如图 6-15 所示。

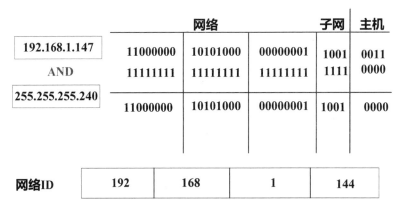

图 6-15 225.36.25.183/28 的网络 ID 的计算过程

（4）子网划分

虽然用主机位进行子网划分是一个很容易理解的概念，但子网划分的实际操作要略微复杂一些。它涉及分析网络上的通信量形式，以确定哪些主机应该分在同一个子网中；在分析共需要有多少个子网的同时，也要考虑现在每个子网中支持主机总数等。

在子网划分过程中，主要的考虑就是我们需要支持多少个子网。一个 IP 地址，总共是 32 位，当我们选择了子网掩码后，子网的数量和每个子网所具有的最大的主机数量也会随之确定下来。

表 6-3 是 C 类地址子网划分表。其中列出了所有划分的可能，查看这张表，可以试着找到合适的掩码。B 类地址子网划分表见表 6-4。A 类地址的划分，这里不再给出，请大家自己试着推算。

表 6-3 C 类子网表

子网位数	子网掩码	子网数	主机数
2	255.255.255.192	2	62
3	255.255.255.224	6	30
4	255.255.255.240	14	14
5	255.255.255.248	30	6
6	255.255.255.252	62	2

表6-4 B类子网表

子网位数	子网掩码	子网数	主机数
2	255.255.192.0	2	16382
3	255.255.224.0	6	8190
4	255.255.240.0	14	4094
5	255.255.248.0	30	2046
6	255.255.252.0	62	1022
7	255.255.254.0	126	510
8	255.255.255.0	254	254
9	255.255.255.128	510	126
10	255.255.255.192	1022	62
11	255.255.255.224	2046	30
12	255.255.255.240	4094	14
13	255.255.255.248	8190	6
14	255.255.255.252	16382	2

（5）子网划分实例

下面我们用一个例子来说明子网划分过程：某公司现申请了一个 C 类地址 200.200.200.0，公司有生产部门需要划分为单独的网络，也就是需要划分为 2 个子网，每个子网必须至少支持 40 台主机，2 个子网用路由器相连，如何划分子网？

1）决定子网掩码

有 2 个子网，2^2-2 大于等于 2，为了预留可扩展性，所以我们只要从 IP 地址的第四个八位数中借出 2 位作为子网 ID 就可以了，从而可以确定掩码为 255.255.255.192，如图 6-16 所示。

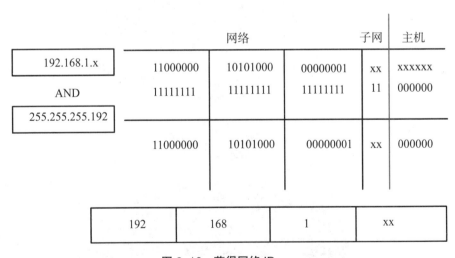

图6-16 获得网络ID

2）计算新的子网网络 ID

子网 ID 的位数确定后，子网掩码也就确定了，如图 6-17 所示，就是 255.255.255.192。

可能的子网 ID 有 4 个：00，01，10，11。我们使用其中的 01 和 10，即 200.200.200.64 和 200.200.200.128 两个子网。

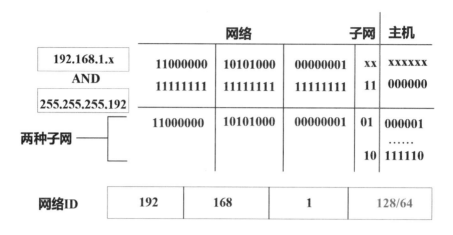

图 6-17　借 2 位产生了两个子网

3）每个子网有多少主机地址

用原来缺省的主机地址减去 2 个子网位，剩下的就是主机位了，共有 8-2=6 位，则每个子网最多可容纳 64-2 个主机，因为在子网内主机 ID 不能为全 "0" 或全 "1"。其中子网 1 的 IP 地址范围为：200.200.200.65~200.200.200.126；子网 2 的 IP 地址范围为：200.200.200.129~200.200.200.190。子网 1 的广播地址为 200.200.200.127，子网 2 的广播地址为 200.200.200.255，最终的网络拓扑图如图 6-18 所示。

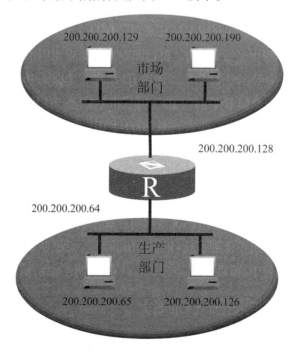

图 6-18　划分子网后的网络结构图

因为同一网络中的所有主机必须使用相同的网络 ID，所以同一网络中所有主机的相同网络 ID 必须使用相同的子网掩码。例如，138.23.0.0/16 与 138.23.0.0/24 就是不同的网络 ID。网络 ID138.23.0.0/16 表明有效主机 IP 地址范围是 138.23.0.1 到 138.23.255.254；网络 ID138.23.0.0/24 表明有效主机 IP 地址范围是 138.23.0.1 到 138.23.0.254。显然，这些网络 ID 代表不同的 IP 地址范围。

6.2.4 无类别域间路由（CIDR）

1982 年，按照类划分 IP 地址被认为是一个好想法，因为类减少了用 IP 地址发送掩码信息的工作，但是因为我们正逐渐耗尽注册的 IP 地址，类将成为一个严重的致使 IP 地址浪费的问题。对那些有大量地址需求的大型组织，通常可以提供 2 种解决办法：

① 直接提供一个 B 类地址。

② 提供多个 C 类地址。

采用第一种方法，将会大量浪费 IP 地址，因为一个 B 类网络地址有能力分配 2^{16}=65535 个不同的本地 IP 地址。如果只有 3000 个用户，会浪费 62000 个 IP 地址。采用第二种方法，虽然有助于节约 B 类网络 ID，但它也存在另一个问题，那就是 Internet 上的路由器在它们的路由表中必须有多个 C 类网络 ID 表项，才能把 IP 包路由到这个企业。这样就会导致 Internet 上的路由表迅速扩大，最后的结果可能是路由表将大到使路由机制崩溃。

为了解决这些问题，国际互联网工程任务组（IETF）制定了短期和长期的两套解决方案。一种彻底的办法就是扩充 IP 地址的长度，开发全新的 IP 协议，该方案被称为 IP 版本 6（IPV6）；但是它需要一定的时间过渡，在下一小节，将会介绍这种协议。另一种则是在现有 IPV4 的条件下，改善地址分类带来的低效率，以充分利用剩余不多的地址资源，CIDR 由此而产生。

CIDR 意为无类别的域间路由。正如它的名称，它不再受地址类别划分的约束，有效的 IP 地址一律平等对待，区别网络 ID 仅仅依赖于子网掩码。采用 CIDR，可以根据实际需要合理地分配网络地址的空间。这个分配的长度可以是任意长度，而不仅仅是在 A 类的 8 位、B 类的 16 位或 C 类的 24 位等预定义的网络地址空间中作分割。

举例来说，按照类划分，202.125.61.8/24 它属于 C 类地址，网络 ID 为 202.125.61.0，主机 ID 为 0.0.0.80。使用 CIDR 地址，8 位边界的结构限制就不存在了，可以在任意处划分网络 ID。例如，它可以将前缀设置为 20，202.125.61.8/20。前 20 位表示网络 ID，则网络 ID 为：202.125.48.0。

CIDR 确定了三个网络地址范围，将其保留为内部网络使用，即公网上的主机不能使用这三个地址范围内的 IP 地址。这三个范围分别包括在 IPV4 的 A、B、C 类地址内，它们是：

① 10.0.0.0~10.255.255.255

② 172.16.0.0~172.31.255.255

③ 192.168.0.0~192.168.255.255

CIDR 是对 IP 地址结构最直观的划分。采用 CIDR 这种思想具有以下一些特性：

① 路由汇聚。CIDR 通过地址汇聚操作，使路由表中一个记录能够表示许多网络地址空间。这就大大减小了在互联网络中所需路由表的大小，使网络具有更好的可扩展性。

② 消除地址分类。消除类别虽然不能从那些已分配的地址空间中把浪费的地址恢复。但它能使剩下将被使用的地址被更有效地使用。

③ 超网。超网是指将多个网络聚合起来，构成一个单一的、具有共同地址前缀的网络。也就是说，把一块连续的 C 类地址空间模拟成一个单一的、更大一些的地址空间，模拟一个 B 类地址。以前基于分类的地址结构带来问题，主要是因为 B 类和 C 类地址的差异过大——一个太大，一个太小。

当然，CIDR 并没有类的概念，它只是对任意地址无约束地分配网络 ID 和主机 ID。但因为针对的对象是主机 ID 较少的 C 类地址，所以从表现来看，它的思想和前面讲的子网划分刚好相反。子网是要将一个单一的 IP 地址划分成多个子网，而 CIDR 是要将多个子网汇聚成一个大的网络。

超网的合并过程为：首先获得一块连续的 C 类地址空间。然后，从默认掩码（255.255.255.0) 中删除位，从最右边的位开始，并一直向左边处理，直到它们的网络 ID 一致。15 个 C 类地址组成了一个地址空间块。

假设已经获得了下列的 15 个 C 类网络地址：

192.168.1.0

192.168.2.0

192.168.3.0

…………

192.168.15.0

这 15 个 C 类网络地址分别是独立的 C 类网络，它们的默认子网掩码为 255.255.255.0，通过从右向左删除位，可得它们相同的网络 ID 为 192.168.0.0，子网掩码为 255.255.0.0。

由此可知，这些网络都似乎是网络 192.168.0.0 的一部分，因为 15 个网络 ID 都是 192.168.0.0。这样做的好处可以从图 6-19 看出，在路由器中并不是把所有的 15 个 C 类网络地址分别分配不同的路由表项，而是使用了一个单一的网络 ID：192.168.0.0/24 表示，这大大缩减路由表项的数目。这就是我们上面提到的路由汇聚。

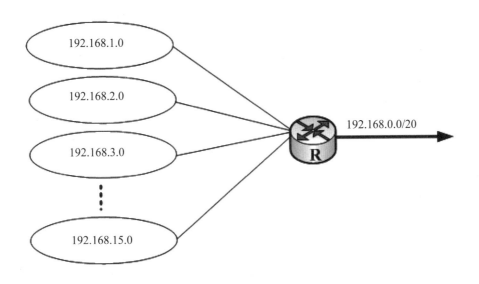

图 6-19　将多个 C 类网络模拟成一个大的 B 类网

6.2.5 NAT（网络地址转换）与 IPv6（互联网通信协议第 6 版）

随着 Internet 的迅速增长，IPv4（互联网通信协议第四版）地址空间逐渐耗尽是不可避免的事实，虽然 CIDR 的实现能够解决短期的一些问题，但毕竟是有限的。我们不得不再次商讨对策以解决 Internet 上 IP 地址短缺的问题。但在这个过程中，可能会发生一些让人感到头痛的事情，例如，随着全球经济的发展，两个公司合并了，这时该怎么办？一般情况下，两个公司都希望彼此连接到内部网，以实现商业上的信息交流。然而，如果两个公司都坚持使用自己以前 Internet 上的 IP 地址，将产生地址冲突。此时，不得不进行地址的重新分配。现在有一种更简洁的办法，那就是使用 NAT（网络地址转换）实现两个公司间的地址转换，以解决冲突。

（1）NAT（网络地址转换）

从最简单的方式来看，NAT 就是隐藏内部地址，当然这要通过某些设备来转换网络层地址，这些设备包括路由器、防火墙等。在分析各组织的地址需求时，Internet 设计者们注意到，对许多组织来说，组织内部网络中的大部分主机不需要直接连接 Internet 主机，这些主机只需要特定集合的 Internet 服务（如 www 访问和 E-mail 等），通常通过应用层网关（如代理服务器或 E-mail 服务器等）访问这些 Internet 服务。结果大部分组织只需要少量的公共地址，用于直接连接到 Internet 的节点（如代理路由器、防火墙和转换器等）。对组织内部不需直接访问 Internet 的主机，需要与已分配公共地址不重复的地址。为了解决这个问题，Internet 设计者们预留了一部分 IP 地址空间并将该空间称作私有地址空间。因为公共和专用地址空间不重叠，所以私有地址永远不会与公共地址重复。

NAT 设计思想的一个优点就是：Internet 应该能够看到由 ISP（网络业务提供商）分配的一个有效的 Internet 地址（公共地址），而内部机器全部使用私有地址。许多企业都采用私有地址的结果是私有地址空间被重复使用，有助于防止公共地址被耗尽。因为私有地址空间中的 IP 地址，从来不会被指定为公共地址，所以 Internet 路由器中也就不会有到私有地址的路由。私有地址在 Internet 上是不可达的。因而，来自私有地址主机的 Internet 通信必须向拥有有效公共地址的应用层服务器（比如代理服务器）发送专用的请求，或者通过一个网络地址转换（NAT），从而在把通信发送到 Internet 之前将私有地址转换成公共地址。

企业使用 NAT 将多个内部地址映射成一个公共 IP 地址。地址转换技术虽然在一定程度上缓解了公共 IP 地址匮乏的压力，但它不支持某些网络层安全协议，因此难免在地址映射中出现种种错误，这又造成了一些新的问题。而且，靠 NAT 并不可能从根本上解决 IP 地址匮乏的问题，随着联网设备的急剧增加，总有一天 IPv4 公共地址会完全耗尽。所以 IPv6 作为 Internet 协议的下一版本，对 IPV4 的最终取代将不可避免。

（2）IPV6

IM（即时通信系统）是下一代的 IP 版本，在它提出的众多改进中，最重要的是它将地址空间扩展到 128 位，即原先长度的 4 倍。扩展 IPV6 的地址空间主要是为了解决 20 世纪 90 年代初存在的 IPv4 地址空间被迅速耗尽的问题。根据当时的估计，整个 32 位的地址将在 10 年或更短的时间内被耗尽。虽然这种情况还未发生，但是 IETF（国际互联网工程任务组）利用这个机会提出了一个新的 IP 版本，来克服现有的、已察觉到的 IPv4 的缺点。IPv6 在身份验证和保密方面的改进使得它更加适用于那些要求对敏感信息和资源特别对待的商业应用，它对于包头的简化减少了路由器上所需的处理过程，从而提高了选路的效率。同时，改进对包头扩展和选项的支持意味着可以在几乎不影响普通数据包和特殊包选路的前提下适应更多的特殊需求。流标记办法为更加高效地处理数据包的流提供了一种机制，这种办法对于实时应用尤其有效。

① 扩展地址

IPV6 的地址结构中除了把 32 位地址空间扩展到了 128 位外，还对 IP 主机可能获得的不同类型地址做了一些调整。IPv4 中用于指定一个网络接口的单播地址和用于指定由一个或多个主机侦听的组播地址基本不变。在 IPv6 的庞大地址空间中，目前全球联网设备已分配掉的地址仅占其中极小一部分，有足够的余量可供未来发展之用。同时，由于有充足可用的地址空间，NAT 之类的地址转换技术将不再需要。

② 简化的包头

IPv6 中包括总长为 40 字节的 8 个字段（其中两个是源地址和目的地址）。它与 IPv4 包头的不同之处在于，IPv4 中包含至少 12 个不同字段，且长度在没有选项时为 20 字节，但在包含选项时可达 60 字节。IPv6 使用了固定格式的包头并减少了需要检查和处理的字段的数量，这将使得选路的效率更高。

IPv6 包头的设计原则是力图将包头开销降到最低，具体做法是将一些非关键性字段和可选字段移出包头，置于 IPv6 包头之后的扩展包头中。因此，尽管 IPv6 地址长度是 IPv4 的四倍，但包头仅为 IPv4 的两倍。包头的简化使得 IP 的某些工作方式发生了变化。所有包头长度统一，因此不再需要包头长度字段。此外，通过修改包分段的规则可以在包头中去掉一些字段。IPv6 中的分段只能由源节点进行，该包所经过的中间路由器不能再进行任何分段。最后，去掉 IP 头校验和不会影响可靠性，这是因为头校验和将由更高层协议（UDP 和 TCP）负责。

③ 流

在 IPv4 中，对所有包大致同等对待，这意味着每个包都是由中间路由器按照自己的方式来处理的。路由器并不跟踪任意两台主机间发送的包，因此不能"记住"如何对将来的包进行处理。IPv6 实现了流概念，流指的是从一个特定源发向一个特定（单播或者是组播）目的地的包序列，源点希望中间路由器对这些包进行特殊处理。路由器需要对流进行跟踪并保持一定的信息，这些信息在流中的每个包中都是不变的。这种方法使路由器可以对流中的包进行高效处理。对流中的包的处理可以与其他包不同，但无论如何，对于它们的处理更快，因为路由器无须对每个包头重新处理。

④ 身份验证和保密

IPv6 全面支持 IPSec（互联网安全协议），这要求提供基于标准的网络安全解决方案，以便满足和提高不同的 IPv6 实现之间的协同工作能力。IPv6 使用了两种安全性扩展：IP 身份验证头（AH）和 IP 封装安全性载荷（ESP）。

AH 通过对包的安全可靠性的检查和计算来提供身份验证功能。发送方计算报文摘要并把结果插入到身份验证头中，接收方根据收到的报文摘要重新进行计算，并把计算结果与 AH 头中的数值进行比较。如果两个数值相等，接收方可以确认数据在传输过程中没有被改变；如果不相等，接收方可以推测出数据在传输过程中遭到了破坏或是被修改。

ESP 可以用来加密 IP 包的净荷，或者在加密整个 IP 包后以隧道方式在 Internet 上传输。其中的区别在于，如果只对包的净荷进行加密，那么包中的其他部分（包头）将公开传输。这意味着破译者可以由此确定发送主机和接收主机以及其他与该包相关的信息。使用 ESP 对 IP 进行隧道传输意味着对整个 IP 包进行加密，并由安全网关将其封装在另一 IP 包中。通过这种方法，被加密的 IP 包中的所有细节均被隐藏起来。

⑤ 其他特性

IPv6 采用聚类机制，定义非常灵活的层次寻址及路由结构，同一层次上的多个网络在上层路由器中表现为一个统一的网络前缀，这样可以显著减少路由器必须维护的路由表项。在理想情况下，一个核心主干网路由器只需要维护不超过 8192 个表项。这大大降低了路由器的寻路和存储开销。

IPv6 的邻居发现协议（NDP1）使用一系列 IPv6 控制信息报文 (ICMPv6) 协议来实现

相邻节点（同一链路上的节点）的交互管理。邻居发现协议以及高效的组播和单播邻居发现报文替代了以往基于广播的地址解析协议（ARP）。

IPv6 增强了选路功能。IPv6 中有许多特性和功能能够提高网络性能、改善选路控制。更大的地址空间使我们在建立地址层次的时候具有更大的灵活性。使用选路扩展头可以使源选路更高效。

在 IPv6 中定义了一系列机制，使其能够与 IPV4 的主机和路由器共存和交互。

6.3 IP 协议

6.3.1 IP 报文格式

IP 数据报的格式能够说明 IP 协议都具有什么功能。在 TCP/IP 的标准中，各种数据格式常常以 32 bit(即 4 字节) 为单位来描述。一个 IP 数据报由首部和数据两部分组成。首部的前一部分是固定长度，共 20 字节，是所有 IP 数据报必须具有的。在首部的固定部分的后面是一些可选字段，其长度是可变的，下面具体介绍各字段的意义。

1）版本号。4 位，说明对应 IP 协议的版本号（此处取值为 4）。

2）首部长度。4 位，可表示的最大数值是 15 个单位（一个单位 4 字节），因此 IP 首部长度的最大值是 60 字节。当 IP 分组的首部长度不是 4 字节的整数倍时，必须利用最后一个填充字段加以补充。因此，数据部分永远在 4 字节的整数倍时开始，这样在实现 IP 协议时较为方便。首部长度限制为 60 字节的缺点是有时（如源站路由选择）不够用，但这样做是希望用户尽量减少开销。最常用的首部长度就是 20 字节，即不使用任何选项。

3）服务类型。8 位，用于规定优先级、传送速率、吞吐量和可靠性等参数。具体内容如图 6-20 所示。

图 6-20　服务类型

前 3 个比特表示优先级，它可使数据报具有 8 个优先级中的一个。

第 4 个比特是 D 比特，表示要求有更低的时延。

第 5 个比特是 T 比特，表示要求有吞吐量。

第 6 个比特是 R 比特，表示要求有更高的可靠性。

第 7 个比特是 C 比特，表示要求选择代价更小的路由。

最后一个比特目前尚未使用。

4)IP 数据报总长度。16 位，指首部和数据之和的长度，单位为字节，因此数据报的最大长度为 65535 字节（即 64KB）。在 IP 层下面的每一种数据链路层都有其自己的帧格式，包括帧格式中，数据字段的最大长度，这称为最大传送单元（MTU）。当一个 IP 数据报封装成链路层的帧时，数据报的总长度不能超过下面的数据链路层的 MTU 值。不同链路层协议有不同的 MTU 值，例如，FDDI 的 MTU 值为 4352，以太网的 MTU 值为 1500。

5）标识。16 比特，它是一个计数器，用来产生数据报的标识。但这里的"标识"并没有序号的意思，因为 IP 是无连接服务，数据报不存在按续接收的问题。当 IP 协议发送数据报时，它就将这个计数器的当前值复制到标识字段中。当数据报由于超过网络的 MTU 而必须分片时，这个标识字段的值就被复制到所有的数据报片的标识字段中。相同的标识字段的值使分片后的数据报片最后能正确地重装为原来的数据报。

6）标志。3 比特，目前只有 2 个比特有意义。

7）最低位，记为 MF。MF=1，表示后面还有分片；MF=0，表示这是若干分片中的最后一片。

8）中间位，记为 DF。DF=1，表示不能分片；DF=0，才允许分片。

9）片偏移。12 比特，较长的分组在分片后，某片在原分组中的相对位置。也就是说，相对于用户数据字段的起点，该片从何处开始。片偏移以 8 个字节为偏移单位。

例：一数据报的数据部分为 3800 字节长（使用固定首部），需要分片长度不超过 1420 字节的数据报片。因固定首部长度为 20 字节，因此每个数据报片的长度不能超过 1400 字节。于是分为 3 个数据报片，其数据部分的长度分别为 1400 字节、1400 字节和 1000 字节。原始数据报首部复制为各数据报片的首部，但必须修改有关字段的值，图 6-21 表示分片的结果。

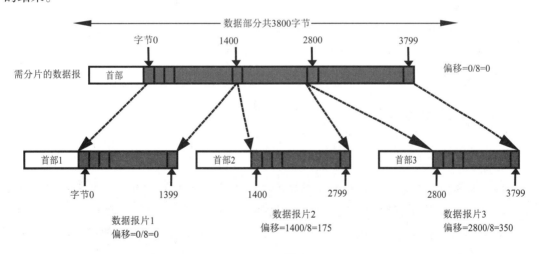

图 6-21　数据报的分片

10）生存期。8 位，设置了数据报可以经过的最多路由器数量，它指定了数据报的生存时间。例如，当第一台路由器认为到达某一目的网络的路径要经过第二台路由器，而第二台路由器又认为该路径应该经过第一台路由器，这时会发生什么情况呢？

当第一台路由器收到一个发往目的网络的数据包时，它会将数据包转发给第二台路由器，第二台路由器则会将数据包重新转发给第一台路由器，如此反复。如果没有生存时间值（TTL），这个数据包就会在两台路由器形成的环中循环下去。这样的环，在大型网络中会经常出现。TTL 的初始值由源主机设置（通常是 32 或 64），一旦经过一个处理它的路由器，它的值就减去 1。当该字段的值为 0 时，数据报就被丢弃，并由 ICMP（控制报文协议）发送报文通知源主机。

11）协议。8 位，指出此数据报携带的数据使用何种协议，以便目的主机的 IP 层将数据部分上交给对应的处理过程。图 6-22 表示 IP 层需要根据这个协议字段的值将所收到的数据交付到正确的地方。

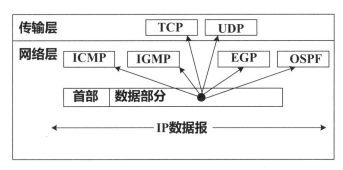

图 6-22　协议字段告诉 IP 层应当如何交付数据

12）IP 首部校验和。16 位，只检验数据报的首部不包括数据部分。这里不采用 CRC 检验码而采用简单的计算方法。

13）源站 IP 地址。32 位，指出发送数据报的源主机 IP 地址。

14）目的站 IP 地址。32 位，指出接收数据报的目的主机的 IP 地址。

15）IP 选项。可变长度，提供任选的服务，如错误报告和特殊路由等。

16）填充项。可变长度，保证 IP 报头以 32 位边界对齐。

6.3.2 IP 报文转发

（1）路由表概念

把报文从一个网络转发到另一个网络的实际过程，就叫作 IP 报文的转发。路由器根据目的 IP 地址确定最优路径，完成报文的转发。每一台路由器都存储着一张关于路由信息的表格，称为路由表。它通过提取报文中的目的 IP 地址信息，并与路由表中的表项进行比较来确定最佳的路由。

路由表通常至少包括 4 个字段：目的网络地址、子网掩码、下一跳地址 (Next-Hop)、发送接口，见表 6-5。

表 6-5　路由表简介

目的网络地址	子网掩码	下一跳地址	发送接口
5.0.0.0	255.0.0.0	1.1.1.1	S0/0
192.168.1.0	255.255.255.0	200.200.200.1	S0/1
172.16.0.0	255.255.0.0	172.1.1.1	F0/0

当路由器需要转发一个 IP 包时，它就在路由表中查找目的网络地址，如果发现确实存在匹配的项，就将数据包从路由表中该项所指示的发送接口转发到下一跳，下一跳就是数据应该被发送到的下一个路由器。如果没有找到相匹配的项，路由器就会丢弃这个数据包。

如果路由表中存在多个匹配的表项，那么路由器将根据 IP 规定的特定原则选择一项作为路由，即在所有的匹配表项中选择子网掩码长度最长的那一个表项。例如，路由器要转发一个目的地址为 6.6.6.1 的数据包，路由表内容如表 6-6 所示。

表 6-6　多个匹配的表项

目的网络地址	子网掩码	下一跳地址	发送接口
5.0.0.0	255.0.0.0	1.1.1.1	S0/0
6.0.0.0	255.0.0.0	2.2.2.2	S0/1
6.6.6.0	255.255.255.0	3.3.3.3	F0/0
0.0.0.0	0.0.0.0	4.4.4.4	F0/1

为了查找路由表中的匹配项，必须将路由表中子网掩码与数据包中目的 IP 地址相"与"，得到目的网络地址，与路由表各项逐个对照：

① 第一项目的网络地址与数据包的目的 IP 地址不相干，所以路由表中的第一项与 IP 包不匹配。

② 第二项只要求目的网络地址与数据包目的 IP 地址的前 8 位相同。因为目的网络地址的前 8 位为 6.0.0.0，数据包的目的 IP 地址的前 8 位也为 6.0.0.0，所以路由表的第二项与 IP 包相匹配。

③ 第三项只要求目的网络地址与数据包的目的 IP 地址的前 24 位相同。由于目的网络地址的前 24 位为 6.6.6.0，数据包的目的 IP 地址的前 8 位也为 6.6.6.0，所以路由表的第三项也与 IP 包相匹配。

④ 第四项不要求目的地址的任何比特与数据包的目的 IP 地址相同。

这样，我们有三条合适的路由。由于 IP 规定必须选用子网掩码长度最长的那条匹配路由，所以本例中的路由器采用路由表中的第三条路由来转发该数据包，因为 24 位的子网掩码显然要大于 8 和 0。这样路由器就将数据包从端口 "F0/0" 转发给了 3.3.3.3。

（2）IP 包的转发原则

IP 包的转发原则可以归纳如下：

① 如果存在多条目的网络地址与 IP 包的目的网络地址匹配的路由，那么必须选用子网掩码最长的那条路由，而不选用路由表中的缺省路由或子网掩码长度较短的任何网络路由。

② 在没有相匹配的目的网络地址路由时，如果存在一条缺省路由，那么可以采用缺省路由来转发数据包。

③ 如果前面几条都不成立（即根本没有任何匹配路由），就宣告路由错误，并向数据包的源端发送消息。

同时，在进行 IP 报文转发时，必须强调的几点：

① 路由器转发时依赖的不是整个目的地址，而是这个目的地址的网络部分。

② 对于有多条到同一个目标网络的路由，可以用 CIDR（无类别域间路由）的汇聚功能，只用一条路由来标识。

（3）报文分片

当 IP 报文在转发时，面临着一个问题，那就是不同的物理网络允许的最大帧长度（MTU）各不相同，这时需要将 IP 报文分段成两个或更多的报文，以满足最大传输单元的要求。当分段发生时，IP 必须能重组报文（不管有多少个报文要到达其目的地），这就要求源主机和目的主机必须理解、遵守完全相同的分段数据过程。否则，重组为了报文转发而分成多个段的过程是不可能的。数据恢复到源主机上的相同格式时，传输数据就被成功重组了。IP 头中的标识、标志和段偏移等字段提供了这些分段信息。

① 路由器将标识放入每个段的标识字段中。

② 标志字段包含一个多段比特。路由器在除了最后一个段外的所有段中设置 MF 位（分片标志位），还有一个 DF 位（禁止分段位），如果设置了，就不允许分段。如果路由器收到这种分组，就将它丢弃，再向发送站点发一个错误信息。发送站点可以利用此信息来查出分段出现的临界值。也就是说，如果当前分组尺寸太大，发送方可不断地尝试较小的分组尺寸，最终决定如何分段。

③ 由于一个分段只包含了部分原有分组数据，路由器还要决定分片数据字段的偏移（即段数据是从分组的哪个位置取出的），并存入段偏移字段中。它以 8 字节为单位测量偏移，这样偏移量 1 对应字节号 8，偏移量 2 对应字节号 16，依此类推。

6.4 地址解析协议与反向地址解析协议

6.4.1 地址解析协议

IP 地址是不能直接用来通信的。因为 IP 地址只是主机在抽象的网络层中的地址，若要将网络层中传送的数据交给目的主机，还要传到链路层，转变成物理（MAC）地址才能发送到实际的网络上。因此，不管网络层使用什么协议，在实际网络的链路上传送数据帧时，最终都是使用硬件地址。

由于 IP 地址有 32 bit，而局域网的硬件地址是 48 bit，因此它们之间不存在简单的映射关系。此外，在一个网络上可能经常有一些新的主机加入进来，或有一些主机要被撤走。更换网卡也会使主机的硬件地址发生改变。可见，为了实现主机之间的通信，应该在主机中存放一个从 IP 地址到硬件地址的映射表，并且这个映射表还必须能够经常动态更新。地址解析协议（ARP）很好地解决了这个问题。

每一个主机都设有一个 ARP 高速缓存，里面有所在的局域网上的各主机和路由器的 IP 地址到硬件地址的映射表。这些都是目前知道的一些地址，那么主机如何知道这些地址呢？我们通过下面的例子来说明。

ARP 解析分为子网内 ARP 解析和子网间 ARP 解析两种情况。

（1）子网内 ARP 解析

当主机 A 欲向本局域网的某个主机 B 发送 IP 数据报时，先在其 ARP 缓存中查看有无主机 B 的 IP 地址。如有，就可查出其对应的硬件地址，再将此硬件地址写入 MAC 帧，然后通过局域网将该 MAC 帧发往此硬件地址。

如果查不到主机 B 的 IP 地址的项目，主机 A 就自动运行 ARP，按照以下步骤查找 B 的 IP 地址。如图 6-23 所示。

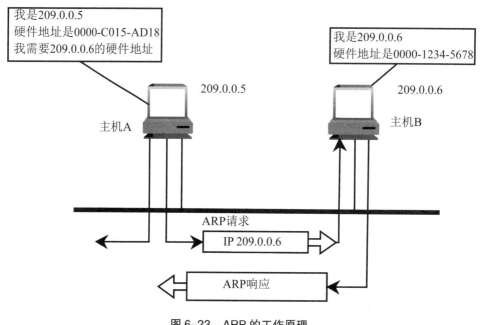

图 6-23　ARP 的工作原理

① ARP 进程在本局域网广播发送一个 ARP 请求分组，主要内容表明"我的 IP 地址是 209.0.0.5，硬件地址是 0000-C015-AD18，我想知道 IP 地址为 209.0.0.6 的主机的硬件地址"。

② 在本局域网上的所有主机上运行的 ARP 进程都收到了此 ARP 请求分组。

③ 主机 B 在 ARP 请求分组中见到自己的 IP 地址，就向主机 A 发送 ARP 响应分组，并写入自己的硬件地址。其他主机都不理睬这个 ARP 请求分组。ARP 响应分组的主要内容表明"我是 209.0.0.6，我的硬件地址是 0000-1234-5678"。

注意：ARP 请求分组是广播发送的，而 ARP 响应分组是普通的单播方式，即从一个源地址发送到一个目的地址。

④ 主机 A 收到主机 B 的 ARP 响应分组后，就在其 ARP 高速缓存中写入主机 B 的 IP 地址到硬件地址的映射。

为了提高 ARP 解析的效率，使用了以下的改进技术：

① ARP 将保存在高速缓存中的每一个映射地址项目都设置生存时间（如 10 至 20 分钟）。凡超过生存时间的项目就被删除，这样就保证了映射关系的有效性。例如，网络中一台主机网卡更换了，如果还使用原来的映射关系就找不到目的主机了。

③ 主机在发送 ARP 请求分组时，信息包中包含了自己的 IP 地址和物理地址的映射关系。这样目的主机就可以将该映射关系存储在自己的 ARP 表中，以备使用。由于主机之间的通信一般是相互的，因此当主机 A 发送信息到主机 B 后，主机 B 通常需要作出响应。利用这种技术，可以防止目的主机紧接着为解析源主机的 IP 地址和物理地址的映射关系而再来一次 ARP 请求。

④ 由于 ARP 请求是通过广播发送出去的，因此网络中的所有主机都会收到源主机的

IP 地址和硬件地址的映射关系。于是，它们可以将该 IP 地址与物理地址的映射关系存入各自缓存区中，以备将来使用。

⑤ 网络中的主机在启动时，可以主动广播自己的 IP 地址和物理地址的映射关系，以尽量避免其他主机对它进行 ARP 请求。

（2）子网间 ARP 解析

源主机和目的主机不在同一网络中，这时若继续采用 ARP 广播方式请求目的主机的 MAC 地址是不会成功的，因为第 2 层广播（在此为以太网帧的广播）是不可能被第 3 层设备路由器转发的。于是需要采用一种被称为代理 ARP 的方案，即所有目的主机不与源主机在同一网络中的数据报均会被发给源主机的默认网关，由默认网关来完成下一步的数据传输工作。

注意：默认网关是指与源主机位于同一网段中的某个路由器接口的 IP 地址，由路由器来进一步完成后续的数据传输。

6.4.2 反向地址解析协议

反向地址解析协议（RARP）把 MAC 地址绑定到 IP 地址上。一个网络设备或工作站可能知道自己的 MAC 地址，但是不知道自己的 IP 地址（如无盘工作站）。设备发送 RARP 请求，网络中的一个 RARP 服务器出面来应答 RARP 请求，RARP 服务器有一个事先做好的从工作站硬件地址到 IP 地址的映射表，当收到 RARP 请求分组后，RARP 服务器就从这张映射表中查出该工作站的 IP 地址，然后写入 RARP 响应分组，发回给工作站。

6.5 因特网路由选择协议

路由是指为到达目的网络所进行的最佳路径选择，路由是网络层中十分重要的功能。在网络层完成路由功能的设备被称为路由器，路由器是专门设计用于实现网络层功能的网络互联设备。路由器是根据路由表进行分组转发传递的，那么路由表是如何生成的呢？

路由表生成的方法有很多。通常可划分为：手工静态配置和动态协议生成两类。对应地，路由协议可划分为：静态路由和动态路由两类。其中动态路由协议包括：TCP/IP 协议栈的 RIP（路由信息协议）、OSPF（开放式最短路径优先协议）、OSI 参考模型的 IS-IS（中间系统到中间系统协议）等。如图 6-24 所示

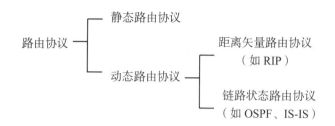

图 6-24 路由协议的分类

6.5.1 静态路由

（1）静态路由简介

静态路由是一种特殊的路由，由网络管理员采用手工方法在路由器中配置而成。在早期的网络中，由于网络的规模不大，路由器的数量很少，路由表也相对较小，因此通常采用手工的方法对每台路由器的路由表进行配置。这种方法适合在规模较小、路由表也相对简单的网络中使用。因为它较简单、容易实现，所以沿用了很长一段时间。

随着网络规模的增长，在大规模的网络中路由器的数量很多，路由表的表项较多，较为复杂。在这样的网络中，手工配置的路由表，除了配置繁杂外，还有一个更明显的问题就是不能自动适应网络拓扑结构的变化。对于大规模的网络而言，如果网络拓扑结构改变或网络链路发生故障，那么路由器上指导数据转发的路由表就应该发生相应的变化。如果我们还是采用静态路由，用手工的方法配置及修改路由表，会对管理员造成很大的压力。

但在小规模的网络中，静态路由也有它的一些优点：

① 手工配置，可以精确控制路由选择，改进网络的性能。

② 不需要动态路由协议参与，这将会减少路由器的开销，为重要的应用保证带宽。

（2）路由表简介

路由表是路由器转发分组的关键。每个路由器中都保存着一张路由表，表中每条路由项都指明分组到某子网或某主机应通过路由器的哪个物理端口发送，然后就可到达该路径的下一个路由器，或者不再经过别的路由器而传送到直接相连的网络中的目的主机。

路由表中包含了下列关键项：

① 目的地址。用来标识 IP 包的目的地址或目的网络。

② 网络掩码。与目的地址一起来标识目的主机或路由器所在网段的地址。将目的地址和网络掩码"逻辑与"后可得到目的主机或路由器所在网段的地址。例如，目的地址为 129.102.8.10，掩码为 255.255.0.0 的主机或路由器所在网段的地址为 129.102.0.0。掩码由若干个连续"1"构成，既可以用点分十进制表示，也可以用掩码中连续"1"的个数来表示。

③ 输出接口。说明 IP 包将从该路由器哪个接口转发。

④ 下一跳 IP 地址。说明 IP 包所经由的下一个路由器。

⑤ 本条路由加入 IP 路由表的优先级。针对同一目的地，可能存在不同下一跳的若干条路由，这些不同的路由可能是由不同的路由协议发现的，也可以是手工配置的静态路由。优先级高（数值小）将成为当前的最优路由。

⑥ 根据路由目的地不同，可以划分为：子网路由（目的地为子网）和主机路由（目的地为主机）。

另外，根据目的地与该路由器是否直接相连，又可分为：直接路由（目的地所在网络与路由器直接相连）和间接路由（目的地所在网络与路由器不是直接相连）。

为了不使路由表过于庞大，可以设置一条缺省路由。凡遇到查找路由表失败后的数据包，就选择缺省路由转发。

静态路由还有如下的属性：

① 目的地可达的路由，正常的路由都属于这种情况，即 IP 报文按照目的地标示的路由被送往下一跳，这是静态路由的一般用法。

② 目的地不可达的路由，当到某一目的地的静态路由具有 "reject" 属性时，任何去往该目的地的 IP 报文都将被丢弃，并且通知源主机目的地不可达。

③ 目的地为黑洞的路由，当到某一目的地的静态路由具有 "blackhole" 属性时，任何去往该目的地的 IP 报文都将被丢弃，并且不通知源主机。

（3）路由管理策略

可以使用手工配置到某一特定目的地的静态路由，也可以配置动态路由协议与网络中其他路由器交互，并通过路由算法来发现路由。

到相同的目的地，不同的路由协议（包括静态路由）可能会发现不同的路由，但并非这些路由都是最优的。事实上，在某一时刻，到某一目的地的当前路由仅能由唯一的路由协议来决定。这样，各路由协议（包括静态路由）都被赋予了一个优先级，这样当存在多个路由信息源时，具有较高优先级的路由协议发现的路由将成为当前路由。

除了 DIRECT、IBGP 及 EBGP 外，各动态路由协议的优先级都可根据用户需求，手工进行配置。另外，每条静态路由的优先级都可以不相同。

6.5.2 动态路由

为了使用动态路由，互联网的中的路由器必须运行相同的路由选择协议，执行相同的路由选择算法。

目前，最广泛的路由协议有两种：一种是 RIP（路由信息协议），另一种是 OSPF（开放式最短路径优先）协议。RIP 采用距离—矢量算法，OSPF 则使用链路—状态算法。

不管采用何种路由选择协议和算法，路由信息应以准确、一致的观点反映新的互联网拓扑结构。当一个互联网中的所有路由器都运行着相同的、精确的、足以反映当前互联网拓扑结构的路由信息时，我们称路由已经收敛。快速收敛是路由选择协议最希望具有的特征，因为它可以尽量避免路由器利用过时的路由信息选择不正确或不经济的路由。

（1）RIP 协议与距离—矢量算法

RIP 是一种较为简单的内部网关协议（IGP），主要用于规模较小的网络。由于 RIP 的实现较为简单，协议本身的开销对网络的性能影响比较小，并且在配置和维护管理方面也比 OSPF 或 IS-IS 容易，因此在实际组网中仍有广泛的应用。

1）距离—矢量路由选择算法

距离—矢量路由选择算法的基本思想是路由器周期性地向其相邻路由器广播自己知道的路由信息，用于通知相邻路由器自己可以到达的网络以及到达该网络的距离（通常用"跳数"表示），相邻路由器可以根据收到的路由信息修改和刷新自己的路由表。如图6-25所示。

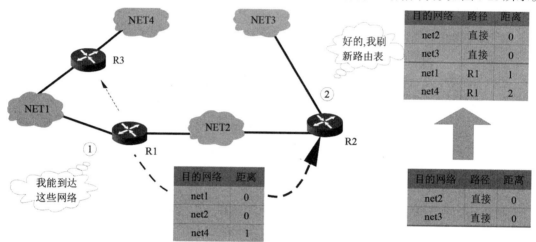

图 6-25　距离—矢量路由选择算法基本思想

路由器 R1 向相邻的路由器（如 R2）广播自己的路由信息，通知 R2 自己可以到达 net1、net2 和 net4。由于 R1 送来的路由信息包含了两条 R2 不知道的路由（到达 net1 和 net4 的路由），于是 R2 将 net1 和 net4 加入自己的路由表，并将下一站指定 R1。也就是说，如果 R2 收到目的网络为 net1 和 net4 的 IP 数据报，它将转发给路由器 R1，由 R1 进行再次投递。由于 R1 到达网络 net1 和 net4 的距离分别为 0 和 1，因此，R2 通过 R1 到达这两个网络的距离分别是 1 和 2。

下面，对距离—矢量路由选择算法进行具体描述。首先，路由器启动时对路由表进行初始化，该初始路由表包含所有去往与本路由器直接相连的网络路径。因为去往直接相连的网络不经过之间路由器，所以初始化的路由表中各路径的距离均为 0。图 6-26（a）显示了路由器 R1 附近的互联网拓扑结构，图 6-26（b）给出了路由器 R1 的初始路由表。

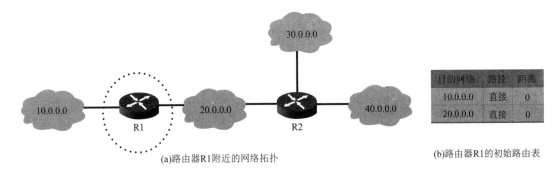

(a)路由器R1附近的网络拓扑　　　　　　　　　(b)路由器R1的初始路由表

图6-26　路由器启动是初始化路由表

　　然后，各路由器周期性地向其相邻路由器广播自己的路由表信息。与该路由器直接相连（位于同一物理网络）的路由器收到该路由表报文后，据此对本地路由表进行刷新。刷新时，路由器逐项检查来自相邻路由器的路由信息报文，遇到下列项目，需要修改本地路由表（假设路由器 Ri 收到的路由信息报文）。

　　① Rj 列出的某项目 Ri 路由表中没有。则 Ri 路由表中增加相应项目，其"目的网络"是 Rj 表中的"目的网络"，其"距离"为 Rj 表中的距离加 1，而"路径"则为 Rj。

　　② Rj 去往某目的地的距离比 Ri 去往该目的地的距离减 1 还小。这种情况说明 Ri 去往某目的网络如果经过 Rj，距离会更短。于是，Ri 需要修改本表中的内容，其"目的网络"不变，"距离"为 Rj 表中的距离加 1，"路径"为 Rj。

　　③ Ri 去往某目的地经过 Rj，而 Rj 去往该目的地的路径发生变化。则如果 Rj 不再包含去往某目的地的路径，Ri 中相应路径需删除；如果 Rj 去往某目的地的距离发生变化，Ri 表中相应的"距离"需修改，以 Rj 中的"距离"加 1 取代之。

　　距离—矢量路由选择算法的最大优点是算法简单、易于实现。但是，由于路由器的路径变化需要像波浪一样从相邻路由器传播出去，过程非常缓慢，有可能造成慢收敛等问题，因此它不适合应用于路由剧烈变化的或大型的互联网网络环境。另外，距离—矢量路由选择算法要求互联网中的每个路由器都参与路由信息的交换和计算，而且需要交换的路由信息报文和自己的路由表的大小几乎相同，因此需要交换的信息量极大。

　　表6-7 假设 Ri 和 Rj 为相邻路由器，对距离—矢量路由选择算法给出了直观说明。

表 6-7　按照距离—矢量路由选择算法更新路由表

Ri 原路由表			Rj 广播的路由信息		Ri 刷新后的路由表		
目的网络	路径	距离	目的网络	距离	目的网络	路径	距离
10.0.0.0	直接	0	10.0.0.0	4	10.0.0.0	直接	0
30.0.0.0	Rn	7			30.0.0.0	Rj	5
40.0.0.0	Rj	3	30.0.0.0	4	40.0.0.0	Rj	3
45.0.0.0	Rl	4	40.0.0.0	2	41.0.0.0	Rj	4
180.0.0.0	Rj	5			45.0.0.0	Rl	4
190.0.0.0	Rm	10	41.0.0.0	3	180.0.0.0	Rj	6
199.0.0.0	Rj	6	180.0.0.0	5	190.0.0.0	Rm	10

2）RIP 协议

RIP 协议是距离—矢量路由选择算法在局域网上的直接实现。它规定了路由器之间交换路由信息的时间、交换信息的格式、错误的处理等内容。

在通常情况下，RIP 协议规定路由器每 30 秒与其相邻的路由器交换一次路由信息，该信息来源于本地的路由表，其中路由器到达目的网络的距离以"跳数"计算，称为路由权。在 RIP 中，路由器到与它直接相连网络的跳数为 0，通过一个路由器可达的网络的跳数为 1，其余依此类推。

RIP 协议除严格遵守距离—矢量路由选择算法进行路由广播与刷新外，在具体实现过程中还做了某些改进，主要包括：

① 对相同开销路由的处理。在具体应用中，可能会出现若干条距离相同的路径可以到达同一网络的情况。对于这种情况，通常按照先入为主的原则解决，如图 6-27 所示。

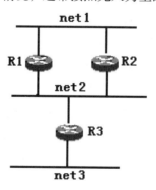

图 6-27　相同开销路由处理

由于路由器 R1 和 R2 都与 net1 直接相连，所以它们都向相邻路由器 R3 发送到达 net1 距离为 0 的路由信息。R3 按照先入为主的原则，先收到哪个路由器的路由信息报文，就将去往 net1 的路径定为哪个路由器，直到该路径失效或被新的更短的路径代替。

② 对过时路由的处理。根据距离—矢量路由选择算法，路由表中的一条路径被刷新是因为出现了一条开销更小的路径，否则该路径会在路由表中保持下去。按照这种思想，一旦某条路径发生故障，过时的路由表项会在互联网中长期存在下去。在图 6-27 中，假

如 R3 到达 net1 经过 R1，如果 R1 发生故障不能向 R3 发送路由刷新报文，那么 R3 关于到达 net1 需要经过 R1 的路由信息将永远保持下去，尽管这是一条坏路由。

为了解决这个问题，RIP 协议规定，参与 RIP 选路的所有机器都要为其路由表的每个表目增加一个定时器，收到的相邻路由器发送的路由刷新报文中如果包含此路径的表目，则将定时器清零，重新开始计时。如果在规定时间内一直没有收到关于该路径的刷新信息，定时器时间到，说明该路径已经失效，需要将它从路由表中删除。RIP 协议规定路径的超时时间为 180s，相当于 6 个刷新周期。

3）慢收敛问题及对策

慢收敛问题是 RIP 协议的一个严重缺陷。那么慢收敛问题是怎样产生的呢？

图 6-28 是一个正常的互联网拓扑结构，从 R1 可直接到达 net1，从 R2 经 R1（距离为 1）也可到达 net1。R2 收到 R1 广播的刷新报文后，会建立一条距离为 1 经 R1 到达 net1 的路由。

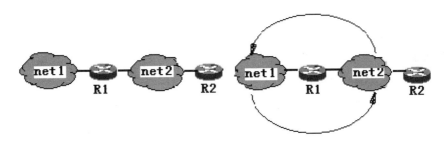

图 6-28　慢收敛问题的产生

现在，假设从 R1 到 net1 的路径因故障而崩溃，但 R1 仍然可以正常工作。当然，R1 一旦检测到 net1 不可到达，会立即将去往 net1 的路由废除。然后会发生两种可能：

① 在收到来自 R2 的路由刷新报文之前，R1 将修改后的路由信息广播给相邻的路由器 R2，于是 R2 修改自己的路由表，将原来经 R1 去往 net1 的路由删除，此步骤没有什么问题。

② R2 赶在 R1 发送新的路由刷新报文之前，广播自己的路由刷新报文。该报文中必然包含一条说明 R2 经过一个路由器可以到达 net1 的路由。由于 R1 已经删除了到达 net1 的路由，按照距离—矢量路由选择算法，R1 会增加通过 R2 到达 net1 的新路径，不过路径的距离变为 2。这样，在路由器 R1 和 R2 之间就形成了环路。R2 认为通过 R1 可以到达 net1，R1 则认为通过 R2 可以到达 net1。尽管路径的"距离"会越来越大，但该路由信息不会从 R1 和 R2 的路由表中消失。这就是慢收敛问题产生的原因。

为了解决慢收敛问题，RIP 协议采用以下解决对策：

① 限制路径最大"距离"对策。产生路由环以后，尽管无效的路由不会从路由表中消失，但是其路径的"距离"会变得越来越大。为此，可以通过限制路径的最大"距离"来加速路由表的收敛。一点"距离"到达某一最大值，就说明该路由不可达，需要从路由表中删除。为限制收敛时间，RIP 规定 cost（度量值）取值 0~15 之间的整数，大于或等于

16 的跳数被定义为无穷大,即目的网络或主机不可达。在限制路径最大距离为 16 的同时,也限制了应用 RIP 协议的互联网规模。在使用 RIP 协议的互联网中,每条路径经过的路由器数目不应超过 15 个。

② 水平分割对策。当路由器从某个网络接口发送 RIP 路由刷新报文时,其中不能包含从该接口获取的路由信息,这就是水平分割政策的基本原理。如果 R2 不把从 R1 获得的路由信息再广播给 R1,那么 R1 和 R2 之间就不可能出现路由环,这样就可避免慢收敛问题的发生。

③ 保持对策。仔细分析慢收敛的原因,会发现崩溃路由的信息传播比正常路由的信息传播慢了许多。针对这种现象,RIP 协议的保持对策规定:在得知目的网络不可达后的一定时间内(RIP 规定为 60s),路由器不接收关于此网络的任何可到达性信息。这样可以给路由崩溃信息充分的传播时间,使它尽可能赶在路由环形成之前传出去,防止出现慢收敛问题。

4)RIP 协议与子网路由

RIP 协议的最大优点是配置和部署相当简单。早在 RIP 协议的第一个版本正式颁布之前,它已经被写成各种程序并被广泛使用。但是,RIP 的第一个版本是以标准的 IP 互联网为基础的,它使用标准的 IP 地址,并不支持子网路由。直到第二个版本的出现,才结束了 RIP 协议不能为子网选路的历史。与此同时,RIP 协议的第二个版本还具有身份验证、支持多播等特性。

(2)OSPF 协议与链路状态算法

OSPF 是链路状态算法路由协议的代表,能适应中大型规模的网络,如图 6-29 所示。

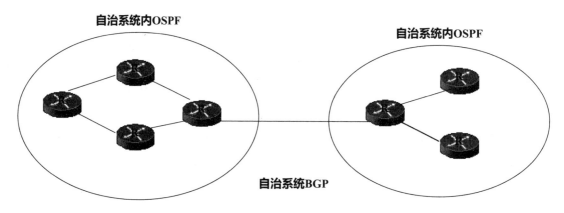

图 6-29　OSPF 在自治系统内工作

在 IP 网络上,它通过收集和传递自治系统的链路状态来动态地发现并传播路由:OSPF 协议支持 IP 子网和外部路由信息的标记引入;OSPF 协议使用 IP 组播方式发送和接收报文。每个支持 OSPF 协议的路由器都维护着一份描述整个自治系统拓扑结构的数据库,这一数据库是收集所有路由器的链路状态广播而得到的。每一台路由器总是将描述本地状态的信息（如可用接口信息、可达邻居信息等）广播到整个自治系统中去。根据链路状态数据库，各路由器构建一棵以自己为根的最短路径树，这棵树给出了到自治系统中各节点的路由。

OSPF 协议允许自治系统的网络被划分成区域来管理，区域间传送的路由信息被进一步抽象，从而减少了占用网络的带宽。在同一区域内的所有路由器都应该一致同意该区域的参数配置。OSPF 的区域由 BackBone（骨干区域）进行连接，该区域以 0.0.0.0 标识。所有的区域都必须在逻辑上连续，为此骨干区域上特别引入了虚连接的概念，以保证即使在物理分割的区域仍然在逻辑上具有连通性。如图 6-30 所示。

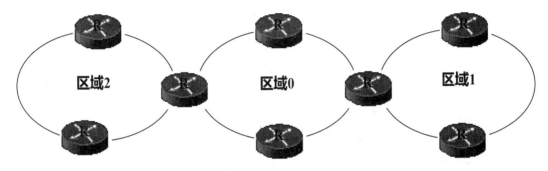

图 6-30　OSPF 区域

参考文献

[1] 谢希仁 . 计算机网络 [M]. 北京：电子工业出版社，2008.

[2] 徐敬东，张建忠 . 计算机网络（第 2 版)[M]. 北京：清华大学出版社，2009.

[3] 张嘉辰 . 计算机网络技术基础与实践教程 [M]. 北京：中国电力出版社，2010.

[4] 陈明 . 计算机网络概论 [M]. 北京：中国铁道出版社，2012.

[5] 姜全生 . 计算机网络技术应用 [M]. 北京：清华大学出版社，2010.

[6] 周舸 . 计算机网络技术应用 [M]. 北京：人民邮电出版社，2012.

[7] 邱建新 . 计算机网络技术 [M]. 北京：机械工业出版社，2012.

[8] 田庚林，王浩 . 计算机网络基础项目教程 [M]. 北京：清华大学出版社，2011.

[9] 李志球 . 计算机网络基础 [M]. 北京：电子工业出版社，2010.

[10] 柳青 . 计算机网络技术基础实训 [M]. 北京：人民邮电出版社，2010.

[11] 陕华，等 . 计算机网络技术实用教程 [M]. 北京：清华大学出版社，2012.

[12] 满昌勇 . 计算机网络基础 [M]. 北京：清华大学出版社，2010.